清 华 电 脑 学 堂

U0214239

UI设计基础与应用
标准教程

全彩微课版 　魏砚雨　孙峰峰◎编著

清華大学出版社
北京

内 容 简 介

本书围绕UI设计进行编写，以"理论+实操"为编写原则，用通俗易懂的语言对UI设计的相关知识进行详细介绍。

全书共9章，内容涵盖UI设计学习入门、图标设计、控件设计、动效设计、App界面设计、网页界面设计、软件界面设计、界面的标注与切图、综合实战案例等。在介绍理论知识的同时，穿插了大量的实操案例，第1~8章结尾还安排了"实战演练"与"新手答疑"板块，旨在让读者学以致用，并能举一反三。

全书结构编排合理，所选案例贴合UI设计的实际需求，可操作性强。案例讲解详细，一步一图，即学即用。本书适合高等院校师生、交互设计师等阅读使用，也适合作为社会培训机构相关课程的培训教材。

图书在版编目（CIP）数据

UI设计基础与应用标准教程：全彩微课版 / 魏砚雨，孙峰峰编著. —北京：清华大学出版社，2024.2（2024.8重印）

（清华电脑学堂）

ISBN 978-7-302-65454-4

Ⅰ.①U… Ⅱ.①魏… ②孙… Ⅲ.①人机界面－程序设计－教材 Ⅳ.①TP311.1

中国国家版本馆CIP数据核字（2024）第040460号

责任编辑：袁金敏
封面设计：杨玉兰
责任校对：徐俊伟
责任印制：宋　林

出版发行：清华大学出版社
　　　　网　　　址：https://www.tup.com.cn，https://www.wqxuetang.com
　　　　地　　　址：北京清华大学学研大厦A座　　　　邮　　编：100084
　　　　社 总 机：010-83470000　　　　邮　　购：010-62786544
　　　　投稿与读者服务：010-62776969，c-service@tup.tsinghua.edu.cn
　　　　质 量 反 馈：010-62772015，zhiliang@tup.tsinghua.edu.cn
　　　　课 件 下 载：https://www.tup.com.cn，010-83470236
印 装 者：涿州汇美亿浓印刷有限公司
经　　销：全国新华书店
开　　本：185mm×260mm　　印　　张：14.5　　字　　数：365千字
版　　次：2024年3月第1版　　印　　次：2024年8月第2次印刷
定　　价：59.80元

产品编号：103794-02

前　言

UI设计又称用户界面设计。好的UI设计可以使产品具备更优质的用户体验和交互效果，多应用于移动操作系统、网页设计、PC端界面设计等领域。本书以理论与实际应用相结合的方式，从易教、易学的角度出发，详细介绍UI设计的基础理论及设计规范，同时也为读者讲解设计思路，让读者全方位掌握界面设计的方法与技巧，提高读者的操作能力。

▌本书特色

- **理论+实操，实用性强**。本书为疑难知识点配备相关的实操案例，使读者在学习过程中能够从实际出发，学以致用。
- **结构合理，全程图解**。本书全程采用图解的方式，能够让读者直观地了解每一步的具体操作。
- **疑难解答，学习无忧**。本书第1～8章最后安排"实战演练"与"新手答疑"板块，主要针对实际工作中一些常见的疑难问题进行解答，能够让读者及时处理好学习或工作中遇到的问题，还可举一反三地解决其他类似的问题。

▌内容概述

全书共分9章，各章内容见表1。

表1

章序	内容概括	难度指数
第1章	主要介绍UI设计的基础知识，包括UI设计原则、流程、方向、设计规范，以及色彩搭配等内容	★☆☆
第2章	主要介绍图标设计知识，包括图标设计尺寸规范、视觉标准、设计原则，以及风格类型等内容	★★☆
第3章	主要介绍控件设计知识，包括控件概念、规范、常见控件类型等内容	★★☆
第4章	主要介绍动效设计知识，包括UI动效的基础知识、常见类型、制作方法、动效形式等内容	★★★
第5章	主要介绍App界面设计知识，包括iOS系统设计规范、Android系统设计规范、App界面类型等内容	★★★
第6章	主要介绍网页界面设计知识，包括网页界面设计的尺寸、结构、布局，以及界面常用类型等内容	★★★
第7章	主要介绍软件界面设计知识，包括软件界面结构要求、界面尺寸、界面字体、软件图标，以及界面常见类型等	★★★
第8章	主要介绍界面标注知识，包括界面标注内容和工具，界面切图原则、命名规范、切图工具等	★★☆
第9章	主要包括美食App界面的设计、移动端创意图标的设计两个综合案例	★★★

本书的配套素材和教学课件可扫描下面的二维码获取，如果在下载过程中遇到问题，请联系袁老师，邮箱：yuanjm@tup.tsinghua.edu.cn。书中重要的知识点和关键操作均配备高清视频，读者可扫描书中二维码边看边学。

本书由魏砚雨、孙峰峰编写，在编写过程中作者虽力求严谨细致，但由于时间与精力有限，书中疏漏之处在所难免。如果读者在阅读过程中有任何疑问，请扫描下面的"技术支持"二维码，联系相关技术人员解决。教师在教学过程中有任何疑问，请扫描下面的"教学支持"二维码，联系相关技术人员解决。

配套素材　　　教学课件　　　技术支持　　　教学支持

目 录

第1章

UI设计学习入门

第2章

图标设计

第 3 章

控件设计

1.修复占用空间较大问题，释放用户空间

2.修复已知问题，优化产品体验

第 4 章

动效设计

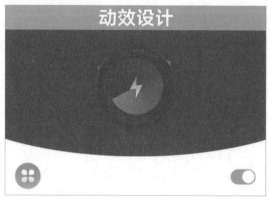

第5章

App界面设计

第**6**章

网页界面设计

第**7**章

软件界面设计

第8章

界面的标注与切图

第9章

综合实战案例

用料

小龙虾 火锅底料 啤酒 洋葱 葱姜蒜 豆瓣酱 香辛料……

更多分享

第 1 章
UI 设计学习入门

UI设计全称为用户界面设计，包括视觉元素及交互元素等，随着互联网行业的发展，UI设计也逐渐细化规范。本章对UI设计的基础知识、方向、设计规范及常用软件进行介绍。

1.1 了解UI设计

UI（User Interface）即用户界面，是系统和用户之间进行交互和信息交换的媒介。本节将对UI设计的基础知识进行介绍。

1.1.1 UI设计简介

UI设计是User Interface Design的简称，是指对软件的人机交互、操作逻辑、界面美观的整体设计。根据载体的不同，可以将UI分为虚拟UI和实体UI两种类型。

（1）虚拟UI

人与软件交互的界面称为虚拟UI，如手机界面、软件界面等，如图1-1所示。

图 1-1

（2）实体UI

人与实物交互的界面称为实体UI，如游戏鼠标按键、方向盘、汽车中控位置的按键等，如图1-2所示。

图 1-2

▌1.1.2 UI设计原则

UI设计是针对用户的设计，在设计时除了考虑设计效果外，还应注重用户的体验感。在进行UI设计时，需遵循简易性、逻辑性、一致性、用户语言、灵活性等原则。

1. 简易性

界面的简洁是为了便于用户使用、了解产品，并减少用户发生错误选择的可能性。在设计时需要专注于用户体验，摒弃华而不实的装饰或用不到的设计元素，通过颜色深浅、元素大小等突出界面重点，保证界面简洁明了、层次清晰，确保用户可以直观地看到界面重点信息，如图1-3、图1-4所示。

图 1-3 　　　　　　　　　　　　　　　　　　　　　图 1-4

2. 逻辑性

UI设计应符合用户使用逻辑，方便用户通过已掌握的知识来使用界面，而不是生疏地、别扭地进行操作。

3. 一致性

每个界面都有其特性，在设计时需保证界面在视觉、交互等方面保持一致。从视觉层面来看，表现为统一风格的元素，如图标、风格、颜色、字体等，以使界面呈现清晰整洁的视觉效果，如图1-5、图1-6所示；从交互层面来看，应保持界面切换的一致性，避免操作混乱造成较差的用户体验。

4. 用户语言

界面中要使用能反映用户本身的语言，而不是设计或开发的内部语言。界面的使用者是用户，设计师在设计时要站在用户的角度去思考，找到用户的偏好与操作习惯，这样才能设计出符合用户的界面，图1-7、图1-8所示为不同软件的用户界面。

图 1-5

图 1-6

图 1-7

图 1-8

5.灵活性

界面应确保一定的灵活性，简单来说就是具有互动多重性，而不是局限于单一的工具操作，如鼠标、键盘、手柄等多种工具的使用等。

1.1.3 UI设计流程

规范化的流程是一个行业长久发展的前提，随着UI设计的发展，其设计流程也在逐步优化，从分析、调研到设计，从设计到开发、上线，每一步都起着极为重要的作用。UI设计的流程大致如下。

1.需求分析

在设计一个产品之前，UI设计师需要清楚地了解目标用户群体、项目的具体需求及竞品信息等内容，在了解这些情况的前提下，及时地与产品经理进行有效沟通，才能有针对性地进行设计，并确保设计内容符合项目需求，减少设计过程中的返稿率。

2. 交互设计

交互设计包括纸面原型设计、架构设计、流程图设计、线框图设计、交互自查等具体内容，是对整个界面设计进行初步构思、流程制定和查漏补缺的环节。

3. 视觉设计

视觉设计具体包括设计定位、风格制定、设计制作、标注切图等具体内容，是制作最终呈现给用户的界面的环节。设计师需要在该环节确定设计方向和设计思路，在此基础上进行创意设计，完成最终视觉效果，并进行标注切图，以便开发人员能尽可能地还原最终的视觉效果。

4. 技术开发

技术开发是将设计稿付诸实践的重要步骤，开发人员需要根据设计规范、标注切图内容等，将设计稿转换为可操作的项目。在此阶段设计人员和开发人员还需要进行界面测试，优化设计细节，以确保项目可以落地。

5. 反馈优化

项目上线并不是UI设计的结束，在项目正式上线后，还需要运营维护，通过收集整理用户的反馈信息，持续进行优化调整。

UI设计是一个交替迭代的过程，在这个过程中设计师需要切实参与设计至开发上线的全过程，多方面思考、了解产品，才能作出贴合产品特性、符合市场需求及用户需求的产品。

1.1.4 UI设计常用软件

合适的软件可以使UI设计师的工作开展得更顺利。根据市场的认可度及使用量来看，UI设计常用的软件包括Photoshop、Illustrator、Sketch、Axure RP等。

1. Photoshop

Photoshop是专业的图像处理软件，如图1-9所示。该软件主要处理由像素构成的数字图像，是UI设计师最常用的软件之一。在UI设计中，Photoshop主要用于处理用户界面元素，如按钮、图标、菜单等，以保证界面呈现精美的视觉效果。

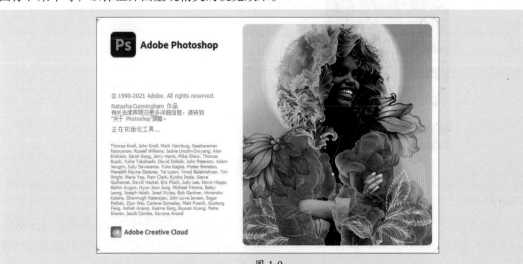

图 1-9

2. Illustrator

Illustrator是Adobe公司旗下的一款矢量图形处理工具，如图1-10所示。该软件集成文字处理、上色等功能，操作简单且功能强大，在UI设计中多用于绘制图标或矢量插图，且绘制的图标均为矢量图，可以任意缩放且不影响图像质量。

图 1-10

3. Sketch

Sketch是一款出色的矢量绘图软件，如图1-11所示。该软件上手简单，操作容易，其中的画布尺寸是无限的，可为UI设计提供充足的空间，常用于设计UI中的图标及界面。该软件还具备简单的位图处理功能，支持设计师完成大部分的UI设计。

图 1-11

4. Axure RP

Axure RP是一款专业的快速原型设计工具，如图1-12所示。该软件可以高效快速地创建原型，同时支持多人写作设计和版本控制管理。通过Axure RP软件，UI设计师可以快速创建相应的线框图、高保真原型图等，方便研发、设计等不同部门之间沟通需求，以及发布之前进行测试等。

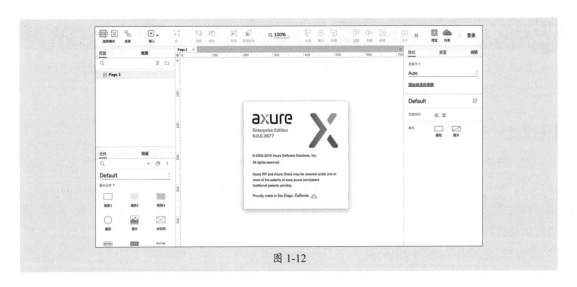

图 1-12

5. After Effects

After Effects简称AE，是Adobe公司推出的一款非线性特效制作视频软件，如图1-13所示。该软件主要用于合成视频和制作视频特效，结合三维软件和Photoshop软件使用，可以制作更具表现力的效果。在UI设计中，After Effects多用于制作动态效果。

图 1-13

注意事项 ┃ **在线制作网站**

除了软件外，互联网中还包括一些协同制作网站，如Mastergo、Figma等。用户可以根据自己的习惯，选择适合自己的方式进行设计。

▌1.1.5　UI设计行业的发展

随着移动互联网等产业的高速发展，国内UI设计市场的规模不断扩大，对UI设计师的需求也日渐增长，企业需求逐步升级为关注产品整体的用户体验，对UI设计师的要求也从单一技能人才的需求转变为全链路与复合化设计人才的需求。

1.2 UI设计方向

UI从字面上看包括用户和界面两部分，用户和界面之间又形成了交互关系，因此UI设计可以分为用户研究、交互设计和界面设计三个方向。

1.2.1 用户研究

用户研究的目的是通过对用户的作业环境、使用习惯等进行研究，把握用户对产品的期望、要求等，并将其融合进产品的开发过程，从而帮助企业完善设计，使用户获得更舒适的体验。用户研究涉及可用性工程学、心理学、市场研究学、设计学等多个学科，对用户来说，用户研究可以使设计更加贴近他们的真实需求。

用户研究的内容如图1-14所示。

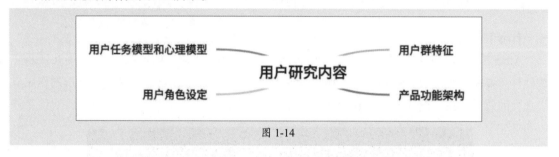

图 1-14

1.2.2 交互设计

UI设计中的交互设计是指人、机之间的交互功能，包括屏幕上的所有元素、用户可能会触摸、点按、输入的内容等。其目的在于加强软件的易用、易学性，使计算机真正成为为人类服务的便捷工具。

交互设计的内容如图1-15所示。

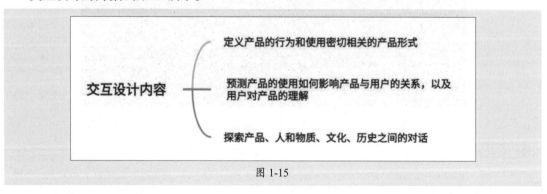

图 1-15

1.2.3 界面设计

界面设计是指美化、规范化软件的使用界面，以促进软件专业化及标准化的设计。好的界面可以为用户带来良好的体验，提升产品的使用率。界面设计不是单纯的美术设计，而是结合用户研究，为最终用户设计满意的视觉效果的科学性艺术设计。

界面设计的内容如图1-16所示。

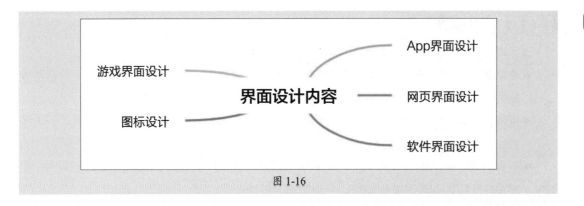

图 1-16

1.3 UI设计的设计规范

规范是指群体所确立的行为标准，主要是因为无法精准定量而形成的标准。UI设计的设计规范一般包括一致性、准确性、可读性、布局合理化、系统操作合理性及系统响应时间六部分。本节将对此进行说明。

1.3.1　一致性

UI设计应坚持以用户体验为中心的设计原则，确保界面清晰简洁，各项功能一目了然，方便用户使用。在进行UI设计时，应注意以下方面的一致性。

- **字体**：在同一套主题中应保持字体及颜色的一致性，避免出现多个字体或颜色，导致界面繁杂；不可修改的字段统一用灰色文字显示。
- **对齐**：保持对齐方式的一致性，避免界面中各元素分布混乱、杂乱无章的情况。
- **表单录入**：保持与用户认知的一致性，如必填选项旁边需给出醒目标识（*）；电话号码输入框只允许输入数字并限制字数，在输入有误时给予提示等。
- **鼠标手势**：遇到可操作的按钮、链接时，保证鼠标手势切换图形的一致性。
- **保持功能及内容描述一致**：针对同一项功能，应确保描述一致，避免词汇更改造成的语义混乱、难以辨别等问题。在项目建设初期，可以建立一个通用的、包括常用术语及描述的产品词典，在设计和开发时相关人员严格按照词典中的词汇来进行表述。

1.3.2　准确性

在进行UI设计时应使用一致的标记、标准缩写和颜色，以确保显示信息的含义非常明确，避免意义不明导致的用户体验不佳。

- 显示有意义的出错信息，而不是单纯的程序错误代码。
- 避免使用文本输入框放置不可编辑的文字内容。
- 使用缩进和文本辅助理解。
- 使用用户语言词汇，而不是单纯的专业计算机术语。
- 高效使用显示器的显示空间，但要避免空间过于拥挤。
- 保持语言的一致性，如"复制"对应"粘贴"，"是"对应"否"。

9

1.3.3 可读性

该原则主要针对界面中的文字，文字必须以可读性作为首要原则。

- **文字长度**：文字的长度影响阅读效果，太长会造成视觉疲劳，阅读困难；太短则会造成断裂效果，影响阅读的流畅性。
- **空间**：字符的长度及间距设置极为重要，每个字符之间的间距至少等于字符的大小，大多数数字设计人员习惯选择最小文字大小的1.5倍作为空间距离，以确保有充足的空间。
- **对齐方式**：文本的对齐方式极大地影响可读性，默认的阅读方式为从左至右，文本一般遵循这一阅读方式，向左对齐。

1.3.4 布局合理化

在进行设计时需要充分考虑布局的合理化问题，遵循用户的浏览、操作习惯，确保常用业务功能按键排列集中，便于用户使用。多做"减法"运算，隐藏不常用的功能区块来保持界面的简洁，使用户能够专注于主要业务的操作流程，提高软件的易用性及可用性。

- **菜单**：保持菜单简洁性及分类的准确性，避免菜单深度超过3层。
- **按钮**：确认操作按钮放置于左边，取消或关闭按钮放置于右边。
- **功能**：未完成功能必须隐藏处理，不要置于页面中，以免引起误操作。
- **排版**：所有文字内容排版避免贴边显示（页面边缘），尽量保持10～20px的间距，并在垂直方向上居中对齐；各控件元素间也保持至少10px以上的间距，并确保控件元素与页面边沿保持距离。
- **表格数据列表**：字符型数据保持左对齐，数值型数据保持右对齐（方便阅读对比），并根据字段要求，统一显示小数的位数。
- **滚动条**：页面布局设计时应避免出现横向滚动条。
- **页面导航（面包屑导航）**：在页面显眼位置应该出现面包屑导航栏，让用户知道当前所在页面的位置，并明确导航结构。
- **信息提示窗口**：信息提示窗口应位于当前页面的居中位置，并适当弱化背景层，以减少信息干扰，让用户把注意力集中在当前的信息提示窗口。一般做法是在信息提示窗口的背面加一个半透明颜色填充的遮罩层。

1.3.5 系统操作合理性

进行UI设计时，应保证操作的合理性，即符合用户认知习惯。

- 尽量确保用户在只使用键盘的情况下也可以流畅地完成一些常用的业务操作，各控件间可以通过Tab键进行切换，并将可编辑的文本全选处理。
- 查询检索类页面，在查询条件输入框内按回车键应该自动触发查询操作。
- 在进行一些不可逆或者删除操作时应对用户作出提醒，并让用户确认是否继续操作，必要时应该把操作造成的后果也告诉用户。
- 信息提示窗口的"确认"及"取消"按钮需要分别映射键盘的回车键和Esc键。
- 避免使用鼠标的双击动作，不仅会增加用户的操作难度，还可能会引起用户误会，认为功能单击无效。

- 表单录入页面，需要把输入焦点定位到第一个输入项。用户可以通过Tab键在输入框或操作按钮间切换，并注意切换操作应该遵循从左向右、从上向下的顺序。

1.3.6 系统响应时间

系统响应时间应保持在合适的范围内。时间过长，用户会感到烦躁；时间过短会影响操作节奏。一般来说系统响应时间应坚持以下两个原则。

- 响应时间为2～5秒，窗口显示处理信息提示，避免用户误认为没响应而重复操作。
- 响应时间为5秒以上，显示处理窗口，或显示进度条，处理完成时应给予警告信息。

1.4 UI设计的色彩基础

色彩是UI设计中不可或缺的元素，具有信息传达、情感传递、氛围烘托、增强视觉表现力等重要作用。本节对色彩的相关知识进行说明。

1.4.1 色彩的基础知识

色彩是极具表现力的视觉元素，了解色彩特性、色相环等基础知识，可以帮助设计师加强对色彩的理解与应用，可以更好地开展设计工作。

1.色彩特性

色相、明度和纯度是有彩色系色彩的三大要素。

（1）色相

即色彩的相貌称谓，是色彩的首要特征，主要用于区别不同的色彩，如红、黄、蓝等，如图1-17所示。

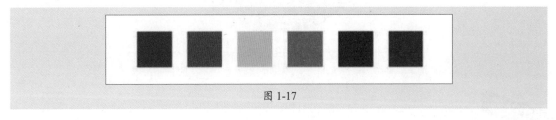

图 1-17

（2）明度

指颜色的明暗程度，一般包括两方面：一是指同一色相的明暗变化，如图1-18所示；二是指不同色相间的明暗变化，如六标准色中黄最浅，紫最深，橙和绿、红和蓝处于相近的明度。要提高色彩的明度，可加入白色，反之则加入黑色。

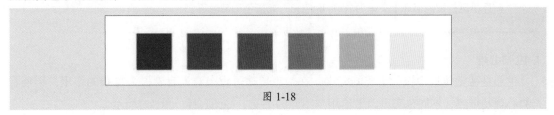

图 1-18

（3）纯度

指色彩的鲜艳度，纯度越高，色彩越鲜艳，反之则越浑浊，如图1-19所示。纯度取决于各色彩中包含的单种标准色成分的多少，不同色相所能达到的纯度是不同的，有彩色系中红色纯度最高，绿色纯度相对低一些，其余色相居中。

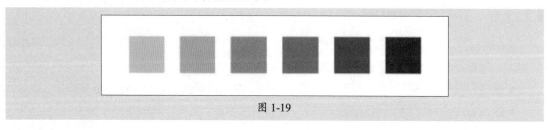

图 1-19

2. 色相环

色相环是指以指定顺序呈圆形排列的色相光谱，美术系统中的色相环以红、黄、蓝为基础，在这三种颜色的基础上，混合产生间色、复色，呈等边三角形的状态分布。色相环根据色相数量，可以分为六色色相环、十二色色相环、二十四色色相环、七十二色色相环等，图1-20所示为十二色色相环的效果。

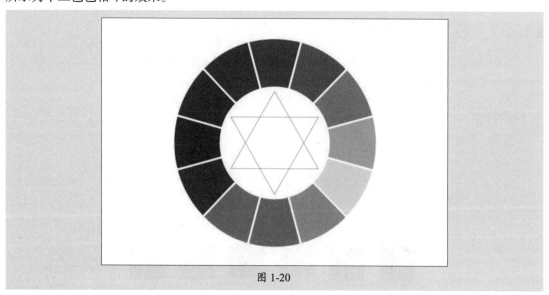

图 1-20

知识点拨

色相环的色彩构成

- **类似色：** 又称相似色，是指在色相环上夹角60°以内的色彩，如红色、红橙色和橙色。
- **邻近色：** 指色相环上夹角为60°～90°的色彩，如绿色和蓝色等。
- **对比色：** 指色相环上夹角为120°左右的色彩，如紫色和橙色等。
- **互补色：** 指色相环上夹角为180°的色彩，如蓝色和黄色等。

3. 色彩心理

色彩是视觉传达中极为重要的元素，在信息传播过程中对人有着极为复杂的作用，影响着人的心理及情感，不同色彩可以带给用户不同的感受，如图1-21、图1-22所示。

图 1-21

图 1-22

下面对一些基本颜色进行介绍。

● **黑色**：象征神秘、奢华、时尚、威信，可以营造沉稳、有力的高级感，多用于时尚类、视频处理类产品的界面。

● **白色**：象征新鲜、纯净、现代、圣洁，适配多种颜色，大部分产品的界面都以白色为背景。

● **红色**：象征力量、激情、爱心，是一种充满活力和热情的颜色，多用于活动宣传等需要烘托热烈氛围的界面。

● **橙色**：象征活力、欢快、温暖、成熟，是一种富足、快乐而幸福的颜色，多用于美食类、社会服务类产品的界面。

- **黄色：** 象征温暖、辉煌、灿烂、希望，是一种可见性极佳、易引人注目的颜色，多用于旅游类等产品的界面。
- **绿色：** 象征希望、生机、宁静、环保、安全，绿色属于居中的颜色，可以带给用户安全、平静、舒适之感，多用于聊天类、环保类产品的界面。
- **蓝色：** 象征平静、沉着、理智，蓝色属于冷色调，可以使用户联想到天空、大海等元素，具有自由平静的气质，多用于科技类、资讯类产品的界面。
- **紫色：** 象征神秘、高贵、优雅、梦幻，带给用户一种优雅神秘的感受。

1.4.2 色彩搭配

根据色彩知识合理地搭配色彩，可以为设计增光添彩，使其呈现更精良的设计效果。

1. 主色、辅助色、背景色和强调色

主色、辅助色、背景色和强调色是UI色彩设计中非常重要的4个概念。

- **主色：** 即最主要的颜色，是设计中使用最多的色彩，一般占总色调的60%，决定界面的主题。
- **辅助色：** 即辅助主色进行搭配的颜色，目的是辅助和衬托主色。一般情况下是主色的对比色或补色，占总色调的30%。
- **背景色：** 一般是黑、白、灰或者饱和度较低的色彩。
- **强调色：** UI设计中的视觉焦点，与其他色彩形成强烈对比，以突出重点，约占总色调的10%。

2. 配色方案

不同的色彩组合可以呈现不同的视觉效果，在一个设计作品中色彩一般不超过3种。下面对部分配色方案进行介绍。

（1）单色配色

单色配色并不是只使用一种颜色，而是使用同一色调的颜色进行搭配。该类型的配色方案可以呈现一种和谐、简洁、有序的感觉，如图1-23所示。

图 1-23

（2）相似色配色

相似色配色比单色配色更具吸引力，各颜色之间不会相互冲突，色相对比不强，可以给人一种舒适、优雅的感觉，如图1-24所示。

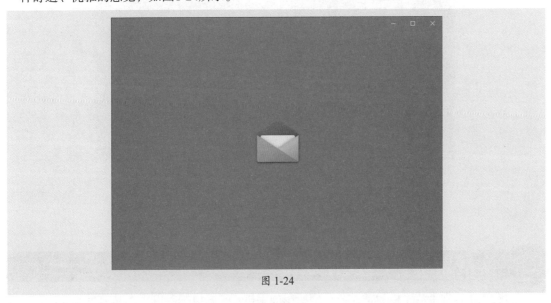

图 1-24

（3）互补色配色

互补色具有强烈的对比效果，通过该类型配色方案制作的界面会呈现出一种对比反差明显的效果，如图1-25所示。

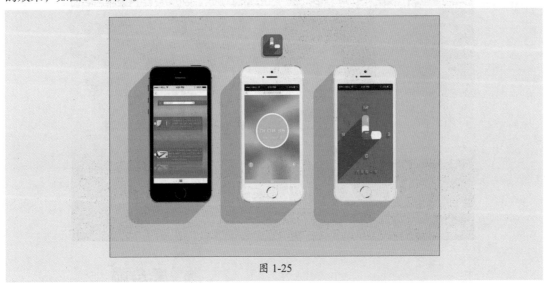

图 1-25

（4）三元配色

三元配色又称三角形配色，是选取色相环中均匀分布的三种色调进行搭配，具有强烈的动感和平衡感效果，以及较强的吸引力，如图1-26所示。

（5）矩形配色

矩形配色效果更加丰富，在选取颜色时要注意明度和饱和度的调整，以使画面合理自然，呈现一种稳定、成熟的质感。

图 1-26

⚛ 实战演练：UI设计欣赏

UI设计在日常生活中极为常见，我们所用的手机、平板电脑等电子产品的界面中都有UI设计的身影，不同风格的UI设计会带给观众不一样的视觉体验，如图1-27、图1-28所示。读者可以搜集生活中常见的界面，并分析优劣，发现优秀UI设计的特点。

图 1-27

图 1-28

1. Q：UI 设计具体包括哪些内容？

A： UI设计是指对软件的人机交互、操作逻辑、界面美观的整体设计。从应用方面考虑，UI设计包括App界面设计、网页界面设计、PC端软件界面设计等内容；从界面元素方面考虑，UI设计包括图标设计、组件设计、交互设计等内容。不论从哪方面考虑，设计师都应结合用户体验进行设计。

2. Q：学习 UI 设计可以从事什么工作？

A： UI设计的应用领域非常广泛，包括移动UI设计、网页UI设计、智能设备UI设计、游戏UI设计等，学习UI设计的人员可以在相关领域发展，除此之外，学习UI设计还可以从事图形设计、广告设计等工作，就业市场较为广阔。

3. Q：UI 设计常用术语有哪些？

A： UI设计常用术语包括以下内容。

- UI（User Interface）：用户界面。
- GUI（Graphics User Interface）：图形用户界面。
- HUI（Handset User Interface）：手持设备用户界面。
- WUI（Web User Interface）：网页风格用户界面。
- IA（Information Architecture）：信息架构。
- UX/UE（User Experience）：用户体验。
- IxD（Interaction Design）：交互设计。
- UED（User Experience Design）：用户体验设计。
- UCD（User Centered Design）：以用户为中心的设计。
- UGD（User Growth Design）：用户增长设计。
- UR（User Research）：用户研究。
- PM（Product Manager）：产品经理。
- **原型图：**产品成型前的简单框架，可以可视化展示页面的排版布局、功能键交互等初步构思效果。设计师可以通过原型图验证和改进设计方案，减少后期开发中的错误。

4. Q：手机端操作系统有哪些？

A： 移动端操作系统包括iOS、Android、HarmonyOS等多种类型。其中iOS是苹果公司研发的移动操作系统，仅适用于苹果公司的移动设备；Android是一种基于Linux内核（不包含GNU组件）的自由及开放源代码，由谷歌公司和开放手机联盟领导开发；HarmonyOS是华为公司研发的操作系统，是一款全新的面向全场景的分布式操作系统。

第2章
图标设计

图标设计是UI设计中极为重要的一环，能丰富界面效果，使界面呈现不同的风格。本章对图标设计的相关知识进行介绍，包括图标设计的规范、图标的基础知识及常见的图标风格等。

2.1 图标的设计规范

图标又称为icon，是UI设计中非常重要的视觉元素，具有指代意义，能够美化UI设计并帮助用户快速识别。本节将对图标设计规范进行讲解。

2.1.1 图标的尺寸规范

根据系统的不同，图标尺寸规范也略有差异。本节将针对iOS系统和Android系统中的图标尺寸规范进行说明。

1. iOS 系统中的图标尺寸规范

iOS系统中的图标具有非常具体的大小和分辨率要求，以保证图标在不同的设备上可以正确显示。其单位一般为px或pt，px即像素，是按照像素格计算的单位，即移动设备的实际像素，一般Photoshop软件的单位设置为px；pt即点，是根据内容尺寸计算的单位，一般Sketch软件的单位设置为pt。

iOS系统中的图标使用网格进行规范化设计，尺寸较为统一。一般可以将其分为应用图标和系统图标两种类型，如图2-1、图2-2所示。下面对这两种类型的图标进行介绍。

图 2-1　　　　　　　　　　　　图 2-2

（1）应用图标

应用图标是应用程序的图标，主要用于主屏幕、App Store、Spotlight及设置中。在设计时，可以采用1024×1024px的尺寸设计，再通过现成尺寸模板资源生成数套尺寸文件导出。应用图标会以不同的分辨率出现在主屏幕、App Store、Spotlight及设置场景中，尺寸也根据不同设备的分辨率进行适配，如表2-1所示。

表2-1

设备名称	应用图标	Spotlight 图标	设置图标
iPhone 11P/11P/Max/X/Xs/8P/7P/6s P/6P	180 × 180px	120 × 120px	87 × 87px
iPhone 11/XR/8/7/6s/6/SE/5s/5c/5/4s/4	120 × 120px	80 × 80px	58 × 58px
iPhone 1/3G/3GS	57 × 57px	29 × 29px	29 × 29px
iPad Pro 12.9/10.5	167 × 167px	80 × 80px	58 × 58px

设备名称	应用图标	Spotlight 图标	设置图标
iPad Air 1&2/Mini 2&4/3&4	152×152px	80×80px	58×58px
iPad 1/2/Mini 1	76×76px	40×40px	29×29px

注意事项 ｜图标切图｜

iOS应用图标由系统统一切圆角，设计时直接出方形图标即可。

（2）系统图标

系统图标是界面中的功能图标，主要用于导航栏、工具栏及标签栏，尺寸随不同设备的分辨率而变化，如表2-2所示。

表2-2

设备名称	导航栏和工具栏图标尺寸	标签栏图标尺寸
iPhone X,XS,11P,12,12P,13,13P	66×66px	75×75px
iPhone SE,XR,11	44×44px	50×50px
iPad Pro,iPad,iPad mini	44×44px	50×50px

2. Android 系统中的图标尺寸规范

Android系统中的图标分为应用图标和系统图标两种类型，单位为dp。dp是Android系统专用的长度单位，与px的转换公式为dp=px×dpi（dpi表示屏幕密度）/160。创建应用图标时应以320dpi分辨率中的48dp尺寸为基准；创建系统图标时应以320dpi分辨率中的24dp尺寸为基准。表2-3所示为不同设备的分辨率适配的图标尺寸。

表2-3

图标类型	mdpi（160dpi）	hdpi（240dpi）	xdpi（320dpi）	xxhdpi（480dpi）	xxxhdpi（640dpi）
应用图标	48×48px	72×72px	96×96px	144×144px	192×192px
系统图标	24×24px	36×36px	48×48px	72×72px	196×196px

2.1.2 图标的视觉规范

Material Design语言提供4种不同的图标形状供设计师参考，设计图标时根据图标的形状在安全区域内绘制，可以保证视觉平衡，如图2-3所示。

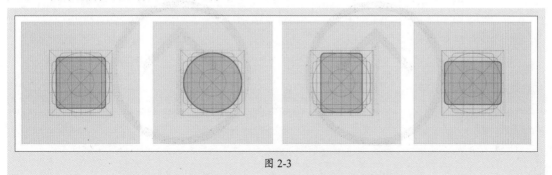

图2-3

设计时为保证清晰度，需要将图标放置在像素点上，并避免出现小数点、奇数等数值，图2-4所示分别为正确示例及错误示例。

图2-4

为了保证视觉平衡，在设计图标时需要结合图像形状及视觉效果，选择合适的重心组合图形，以使图标看起来更稳。

系统图标应使用2dp的描边，以保持图标的一致性，如图2-5所示。留白区域的描边粗细也应该是2dp。倒角应保持外圆内方，外角半径默认为2dp，如图2-6所示。

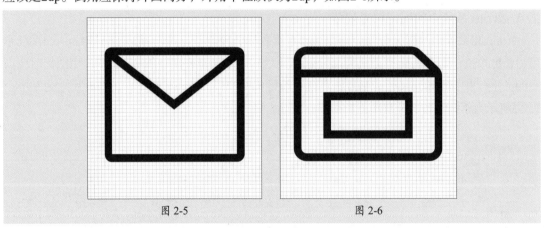

图2-5   图2-6

描边末端应该是直线并带有角度，若描边倾斜45°，其末端也应倾斜45°结束，如图2-7、图2-8所示。

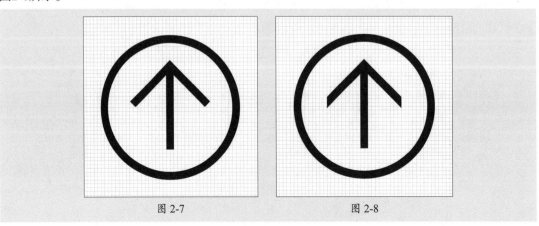

图2-7   图2-8

动手练 制作视频播放器图标

在学习图标设计规范的相关知识后，下面将利用该部分知识制作视频播放器图标。具体的操作步骤如下。

步骤 01 打开Illustrator软件，新建一个192×192px大小的空白文档，如图2-9所示。

步骤 02 选择"圆角矩形"工具▢，在画板中单击，打开如图2-10所示的"圆角矩形"对话框，设置参数。

图 2-9　　　　　　　　　　　　　　　　　　图 2-10

步骤 03 单击"确定"按钮创建圆角矩形，如图2-11所示。

步骤 04 在工具栏中设置填充为紫色（#9A73E2），描边为无，效果如图2-12所示。

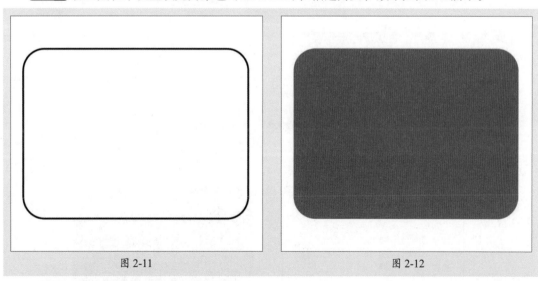

图 2-11　　　　　　　　　　　　　　　　　　图 2-12

步骤 05 选择"直线段工具"◣，在画板中绘制直线段，在"属性"面板中调整其参数，如图2-13所示。

步骤 06 效果如图2-14所示。

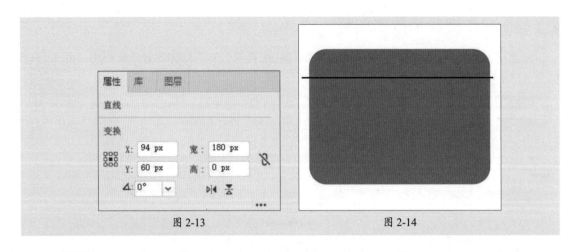

图 2-13　　　　　　　　　　　　　　　　　图 2-14

步骤 07 选择画板中的对象，在"路径查找器"面板中单击"分割"按钮◼，将圆角矩形分割为两部分，如图2-15所示。

步骤 08 选中分割后的圆角矩形，右击，在弹出的快捷菜单中执行"取消编组"命令，取消编组，并设置上半部分填充为绿色（#5BCB95），如图2-16所示。

图 2-15　　　　　　　　　　　　　　　　　图 2-16

步骤 09 选择"椭圆工具"◉，在绿色填充上方单击，打开如图2-17所示的"椭圆"对话框，设置参数。

步骤 10 完成后，单击"确定"按钮创建圆形，如图2-18所示。

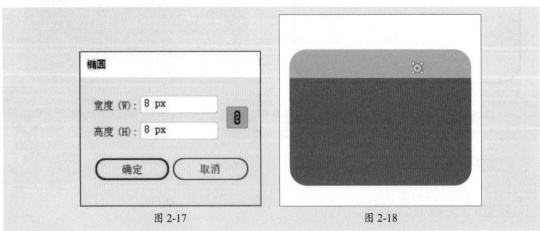

图 2-17　　　　　　　　　　　　　　　　　图 2-18

步骤 11 选中圆形，在"属性"面板中调整参数，如图2-19所示。

步骤 12 效果如图2-20所示。

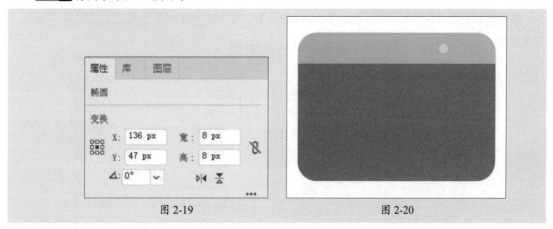

图 2-19   图 2-20

步骤 13 设置圆形的填充为黄色（#EBD91F），如图2-21所示。

步骤 14 使用相同的方法绘制圆形，并调整位置及颜色，效果如图2-22所示。

图 2-21   图 2-22

步骤 15 使用"直线段工具"□绘制一条直线段，在"属性"面板中设置参数，如图2-23所示。

步骤 16 选中直线段，在工具栏中设置其填充为无，描边为浅紫色（#EBDBED），粗细为2pt，端点为圆头，效果如图2-24所示。

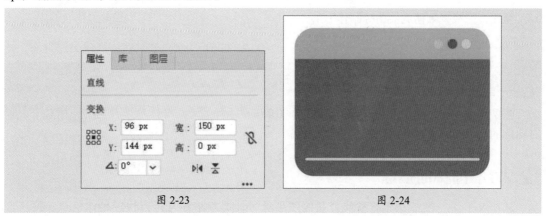

图 2-23   图 2-24

步骤 17 使用"椭圆工具" ⬭ 在直线段上绘制一个半径为4px的圆，设置其填充与顶部绿色一致，效果如图2-25所示。

步骤 18 选择"多边形工具" ⬡ ，在画板中单击，打开如图2-26所示的"多边形"对话框，设置参数。

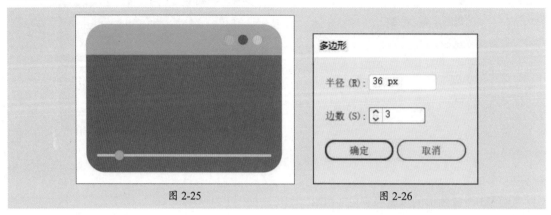

图 2-25   图 2-26

步骤 19 完成后单击"确定"按钮创建三角形，在"属性"面板中设置参数，如图2-27所示。效果如图2-28所示。

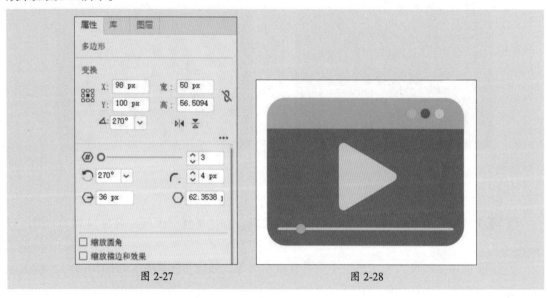

图 2-27   图 2-28

至此，完成视频播放器图标制作。

2.2 图标的基础知识

图标是UI设计的重要组成部分，在UI界面中起到代替文字、连接其他界面的作用。本节将对图标的基础知识进行介绍。

▌2.2.1 图标的概念

从广义上讲，图标是具有指代意义的图形符号，高度浓缩且可以快速传达信息，便于记忆；从狭义上讲，图标多应用于计算机软件方面。图标的应用范围很广，大到交通标志、公共场所中的指示性图标，小到移动产品中的界面图标等，如图2-29、图2-30所示。

图 2-29   图 2-30

图标设计可以按照调研分析、要素挖掘、设计图形、建立风格、细节修正和场景测试的流程进行，如图2-31所示。

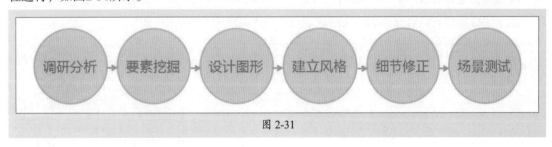

图 2-31

2.2.2　图标的设计原则

图标设计应遵循清晰简洁、视觉统一、易识别性、愉悦友好四大原则。下面将对此进行介绍。

1. 清晰简洁

图标的主要目的是快速清晰地传达概念，在设计时应去除多余的装饰，以尽量保持图形的简洁，使其可以清晰明了地传达所要传递的信息，如图2-32、图2-33所示。

图 2-32   图 2-33

2. 视觉统一

图标设计一般需要在基本造型、风格表现、节奏平衡上保持统一，以保证图标的一致性，如图2-34所示。

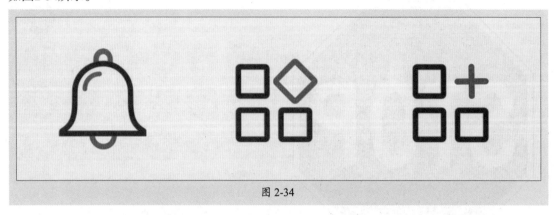

图 2-34

在基本造型上，需要根据图标设计规范对图标各部分进行统一设计，包括描边粗细、描边末端样式等；在风格表现上，需要保证同一系列图标风格的统一性，防止造成极大的割裂感；在节奏平衡上，可以根据规范给出的模板设计图标以达到视觉平衡的效果。

3. 易识别性

易识别性是图标设计的基本原则，是指设计的图标可以快速传达准确的信息，使用户可以迅速识别图标所代表的含义，而不会造成困惑，如图2-35所示。

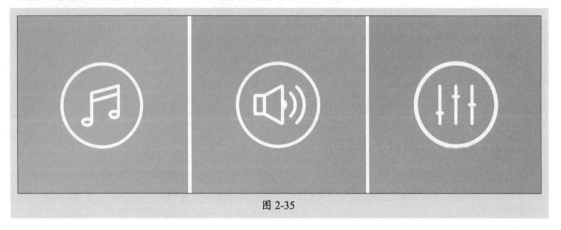

图 2-35

4. 愉悦友好

良好的用户体验是界面设计最重要的原则之一，在设计图标时，也应遵循这一原则。

动手练 制作文件袋图标

通过学习图标的基础知识，可以帮助用户了解图标。下面讲解制作文件袋图标，具体的操作步骤如下。

步骤 01 打开Illustrator软件，新建一个192×192px大小的空白文档，如图2-36所示。

步骤 02 选择"矩形工具"，在画板中单击，在打开的"矩形"对话框中设置参数，如图2-37所示。

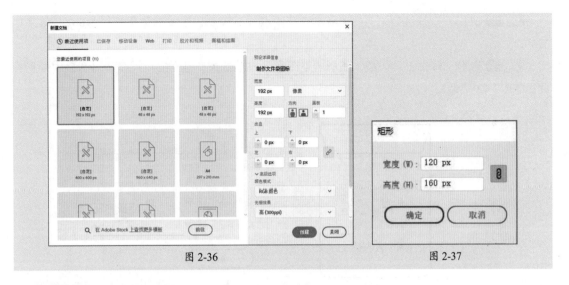

图 2-36   图 2-37

步骤 03 完成后单击"确定"按钮，创建的矩形如图2-38所示。

步骤 04 选中矩形，在"属性"面板中设置参数，如图2-39所示。

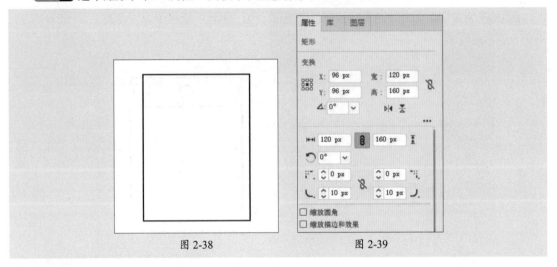

图 2-38   图 2-39

步骤 05 效果如图2-40所示。

步骤 06 使用相同的方法，新建一个120×30px大小的矩形，使用"直接选择工具" 调整底部两点位置，效果如图2-41所示。

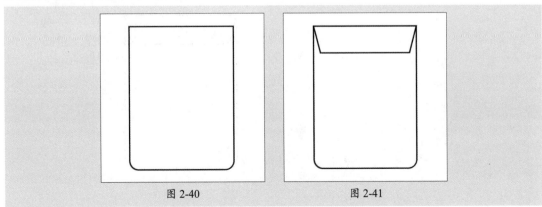

图 2-40   图 2-41

步骤07 使用"直接选择工具" ▷ 选中底部两点，在控制栏中设置边角半径为8px，效果如图2-42所示。

步骤08 选择"椭圆工具" ◎，在新调整图形上方单击，在打开的"椭圆"对话框中设置参数，如图2-43所示。

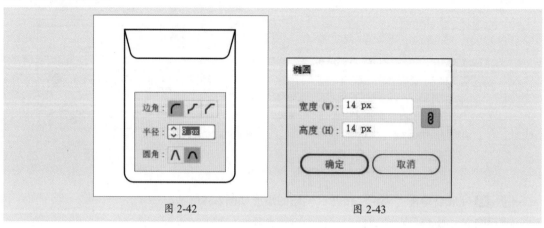

图 2-42   图 2-43

步骤09 完成后，单击"确定"按钮创建圆形，在"属性"面板中设置参数，如图2-44所示。效果如图2-45所示。

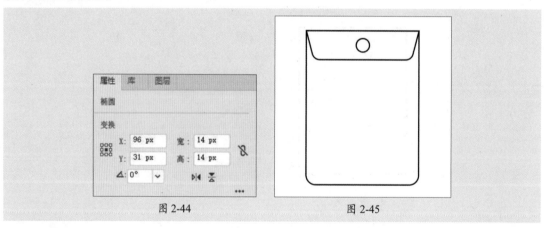

图 2-44   图 2-45

步骤10 选中圆形，按Ctrl+C组合键复制，按Ctrl+F组合键粘贴在前面，在"属性"面板中设置参数，如图2-46所示。效果如图2-47所示。

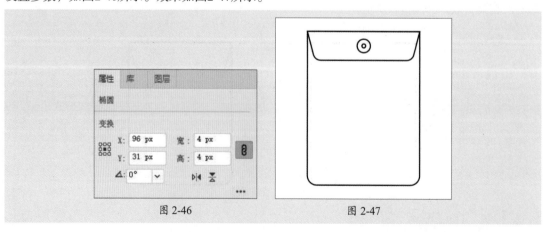

图 2-46   图 2-47

步骤11 选中两个圆形，按Ctrl+C组合键复制，按Ctrl+F组合键粘贴在前面，在"属性"面板中设置参数，如图2-48所示。效果如图2-49所示。

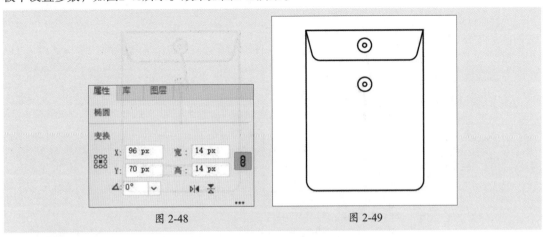

图 2-48 图 2-49

步骤12 选择"直线段工具" ，在画板中绘制直线段，如图2-50所示。

步骤13 选中所有图形，在控制栏中设置填充为无，描边粗细为2pt，效果如图2-51所示。

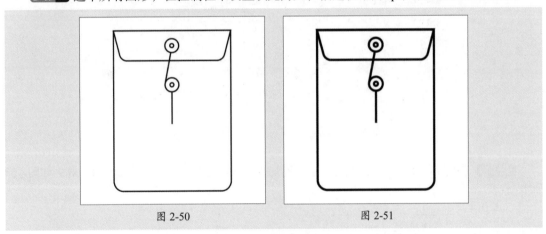

图 2-50 图 2-51

步骤14 选中下方大圆，按Ctrl+C组合键复制，按Ctrl+B组合键粘贴在后面，在控制栏中设置其填充为黄色（#FFF100），描边为无，效果如图2-52所示。

步骤15 在"属性"面板中调整参数，如图2-53所示。

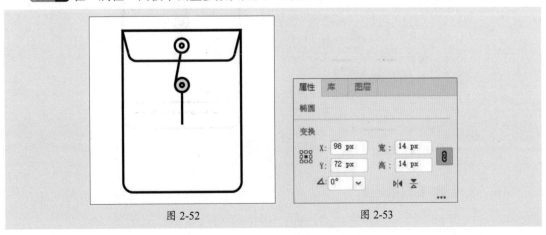

图 2-52 图 2-53

步骤 16 效果如图2-54所示。

步骤 17 使用"直线段工具" ☑ 继续绘制直线段，如图2-55所示。

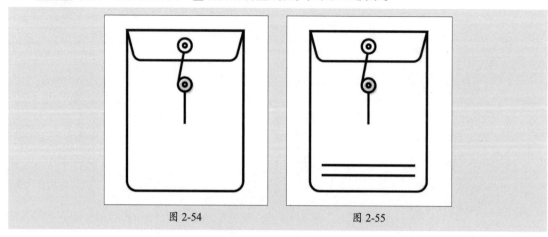

图 2-54 　　　　　　　　　　　　　图 2-55

步骤 18 在"属性"面板中分别调整参数，如图2-56、图2-57所示。

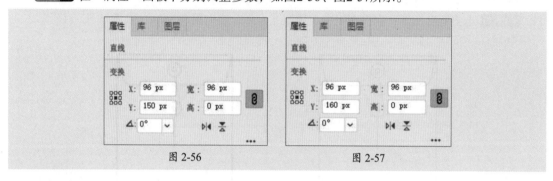

图 2-56 　　　　　　　　　　　　　图 2-57

步骤 19 选中所有直线段，在控制栏中设置其描边端点为圆点，如图2-58所示。效果如图2-59所示。

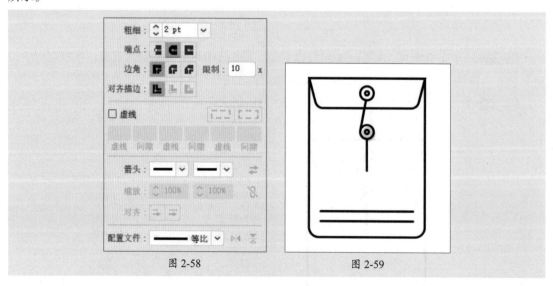

图 2-58 　　　　　　　　　　　　　图 2-59

至此，文件袋图标制作完成。

2.3 图标的风格类型

不同的图标风格会给用户带来不同的体验，常见的图标风格包括像素风格、扁平化风格、拟物风格及立体风格等。本节将对这些图标风格进行说明。

▍2.3.1 像素风格

像素风格图标的出现源于早期计算机屏幕的特性，其实质是由多个像素点组成的位图。早期计算机界面、手机界面及游戏画面因分辨率的原因会采用像素化图标。如今设计师们一般通过像素风格图标表现一种复古、怀旧的氛围，如图2-60所示。

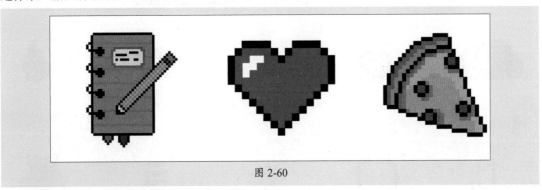

图 2-60

▍2.3.2 扁平化风格

扁平化风格是目前较为流行的一种潮流趋势，其核心是去除繁杂的装饰效果，包括透视、纹理、阴影等，而强调信息本身。该风格图标具有简洁美观、功能突出的特点。下面对该风格图标进行说明。

1. 线性图标

线性图标是通过线条塑造轮廓来表达图标的功能，多用于App界面底部的标签栏、导航栏等。其特点是形象简洁、设计轻盈，如图2-61所示。

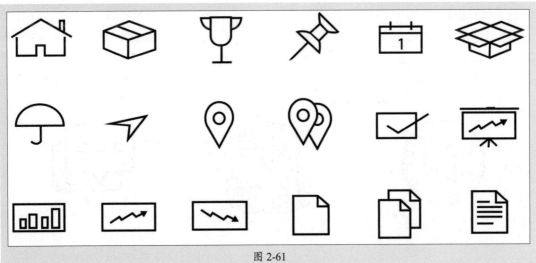

图 2-61

知识点拨

线性图标分类

　　线性图标可以细分为圆角图标、直角图标、断点图标、高光式图标、不透明度图标、双色图标、一笔画图标等。

2. 面性图标

　　面性图标即填充图标，多用于App界面底部的标签栏、图标的选中状态等。其特点是视觉效果更加稳定，具有更突出的视觉表现力，如图2-62所示。

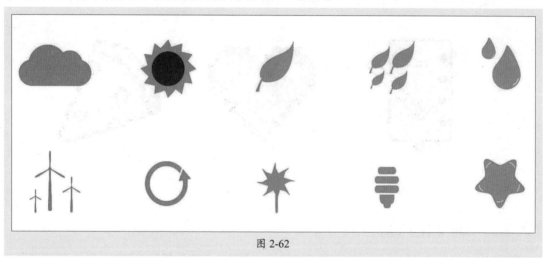

图 2-62

知识点拨

面性图标分类

　　面性图标可以细分为单色面性图标、不透明色块面性图标、微渐变面性图标、光影效果图标、折纸投影图标、多色面性图标等。

3. 线面结合图标

　　线面结合图标兼具线性图标和面性图标的特点，多用于趣味性App界面底部的标签栏、界面的引导页等。其特点是充满活力、生动有趣，如图2-63所示。

图 2-63

2.3.3　拟物风格

拟物风格是指模拟现实中物体的造型，该风格图标对现实的还原度高，细节丰富，且可以表现出一种复古怀旧的风格，如图2-64、图2-65所示。

图 2-64

图 2-65

2.3.4　立体风格

立体风格图标具有强烈的体积感和空间感，给人带来更突出的视觉冲击力，该风格图标多用于活动专题页、引导页等，如图2-66、图2-67所示。

图 2-66

图 2-67

动手练 制作面性图标

不同风格的图标可以呈现不同的质感，下面练习制作面性图标，具体的操作步骤如下。

步骤 01 打开Illustrator软件，新建一个192×192px大小的空白文档，如图2-68所示。

步骤 02 选择"矩形工具",在画板中单击,打开如图2-69所示的"矩形"对话框,设置参数。

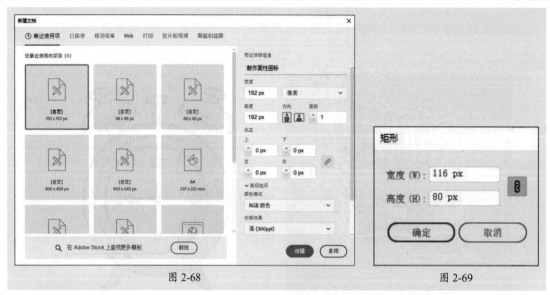

图 2-68

图 2-69

步骤 03 完成后单击"确定"按钮,效果如图2-70所示。

步骤 04 使用"直接选择工具"调整顶部两点的位置,效果如图2-71所示。

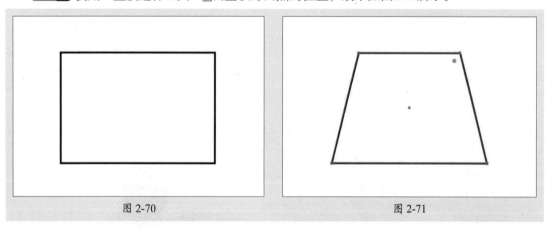

图 2-70

图 2-71

步骤 05 选中四个顶点,设置圆角为4px,效果如图2-72所示。

步骤 06 在控制栏中设置图形填充为绿色(#DAE000),描边为无,效果如图2-73所示。

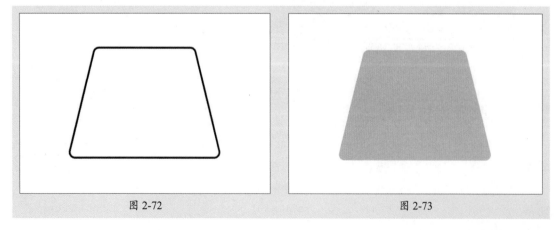

图 2-72

图 2-73

步骤 07 设置填充为深绿色（#006934），选择"椭圆工具" 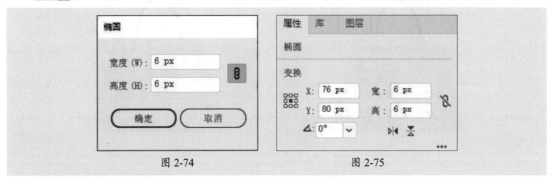，在新调整图形上方单击，打开如图2-74所示的"椭圆"对话框，设置参数。

步骤 08 完成后，单击"确定"按钮创建圆形，在"属性"面板中设置参数，如图2-75所示。

图 2-74　　　　　　　　　　　　　　　　图 2-75

步骤 09 效果如图2-76所示。

步骤 10 使用相同的方法绘制圆形，并调整位置，效果如图2-77所示。

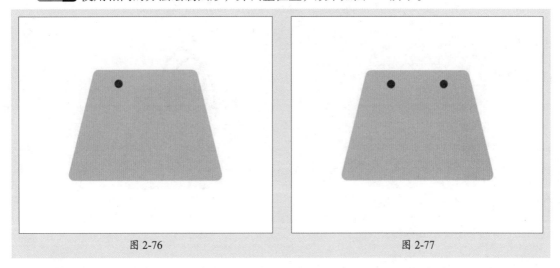

图 2-76　　　　　　　　　　　　　　　　图 2-77

步骤 11 选择"椭圆工具" 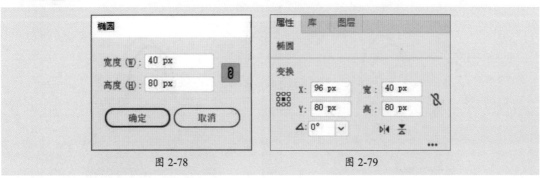，在左侧圆形上方单击，打开如图2-78所示的"椭圆"对话框，设置参数。

步骤 12 在"属性"面板中设置参数，如图2-79所示。

图 2-78　　　　　　　　　　　　　　　　图 2-79

步骤 13 在控制栏中设置填充为无，描边为深绿色（#006934），粗细为2pt，效果如图2-80所示。

步骤14 使用"直接选择工具"▷选择底部端点，按Delete键删除，效果如图2-81所示。

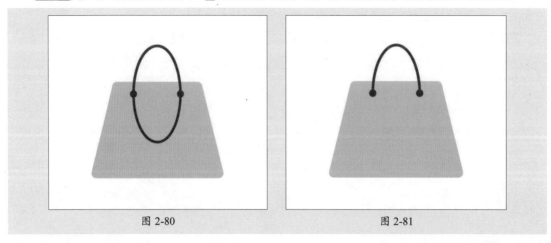

图 2-80　　　　　　　　　　　图 2-81

步骤15 选中所有图形，按Ctrl+G组合键编组，按Ctrl+C组合键复制，按Ctrl+B组合键粘贴在后面，在"属性"面板中调整复制图形组参数，如图2-82所示。效果如图2-83所示。

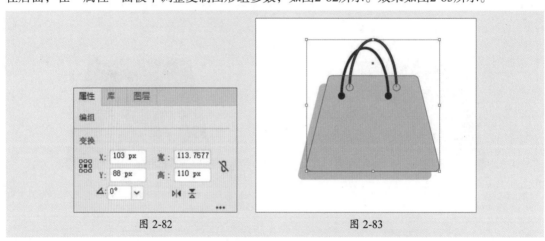

图 2-82　　　　　　　　　　　图 2-83

步骤16 双击复制图形组，进入编组隔离模式，调整绿色填充为浅绿色（#E2E2BC），调整深绿色填充为绿色（#1CA55A），效果如图2-84所示。

步骤17 双击空白处，退出编组隔离模式，效果如图2-85所示。

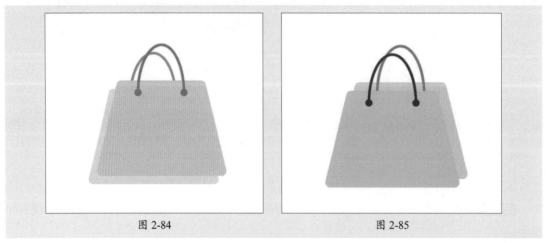

图 2-84　　　　　　　　　　　图 2-85

步骤 18 使用"文字工具"在图形上单击，输入文字，设置其颜色为深绿色（#006934），如图2-86所示，此时完成选中状态制作。

步骤 19 调整颜色，制作非选中状态效果，如图2-87所示。

图 2-86　　　　　　　　　　　　　图 2-87

至此，面性图标制作完成。

⚛ 实战演练：制作扁平化风格图标

下面结合本章图标知识，制作扁平化风格图标。

步骤 01 打开Illustrator软件，新建一个192×192px大小的空白文档，如图2-88所示。

步骤 02 选择"椭圆工具" ⬭，在画板单击，打开如图2-89所示的"椭圆"对话框，设置参数。

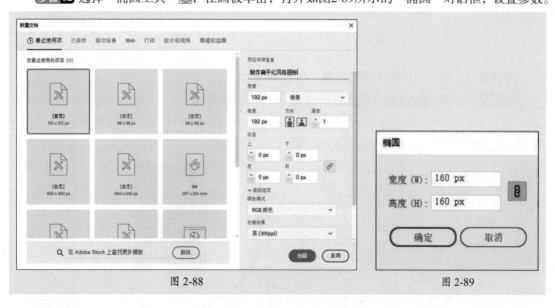

图 2-88　　　　　　　　　　　　　图 2-89

步骤 03 完成后，单击"确定"按钮创建椭圆，在"属性"面板中设置参数，如图2-90所示。效果如图2-91所示。

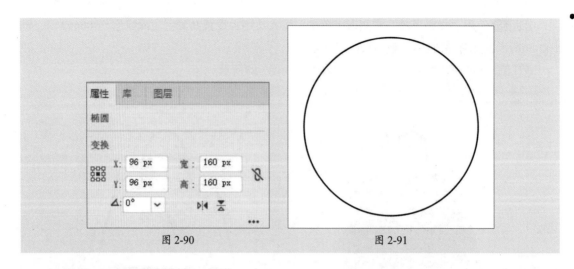

图 2-90 图 2-91

步骤 04 在控制栏中设置填充为白色，描边为棕色（#C9A063），粗细为2pt，效果如图2-92所示。按Ctrl+2组合键锁定圆形。

步骤 05 选择"矩形工具"，在画板中单击，打开如图2-93所示的"矩形"对话框，设置参数。

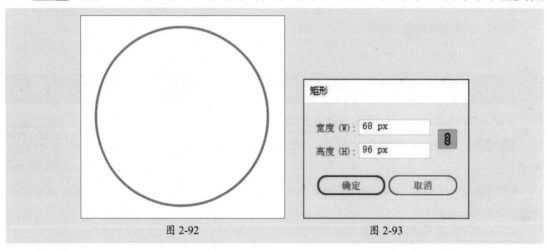

图 2-92 图 2-93

步骤 06 在"属性"面板中设置参数，如图2-94所示。

步骤 07 按Shift+X组合键互换填色和描边，效果如图2-95所示。

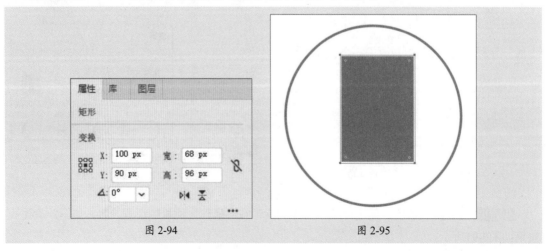

图 2-94 图 2-95

步骤 08 选中矩形，按Ctrl+C组合键复制，按Ctrl+F组合键粘贴在前面，设置其填充为浅棕色（#EDDBC0），如图2-96所示。

步骤 09 调整大小、形状及位置，如图2-97所示。

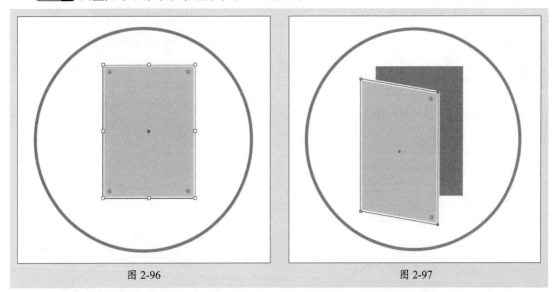

图 2-96　　　　　　　　　　　　　　　　　图 2-97

步骤 10 选中2个矩形的右侧顶点，在控制栏中设置边角圆角为4px，效果如图2-98所示。

步骤 11 选择"混合工具" 🔖，在两个矩形上单击创建混合，效果如图2-99所示。

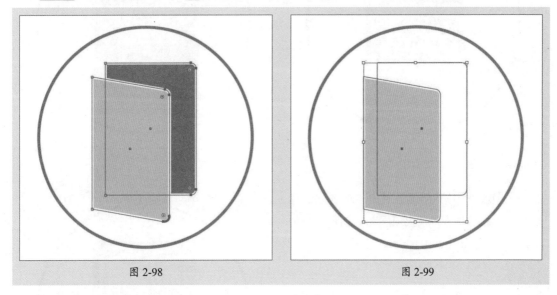

图 2-98　　　　　　　　　　　　　　　　　图 2-99

步骤 12 双击混合工具，打开如图2-100所示的"混合选项"对话框，设置参数。完成后单击"确定"按钮，效果如图2-101所示。

步骤 13 选中混合对象，执行"对象"|"混合"|"扩展"命令，扩展混合后的效果如图2-102所示。

步骤 14 选中扩展后的混合对象，右击，在弹出的快捷菜单中执行"取消编组"命令。选中取消编组后的对象，执行"对象"|"路径"|"轮廓化描边"命令进行轮廓化描边，效果如图2-103所示。

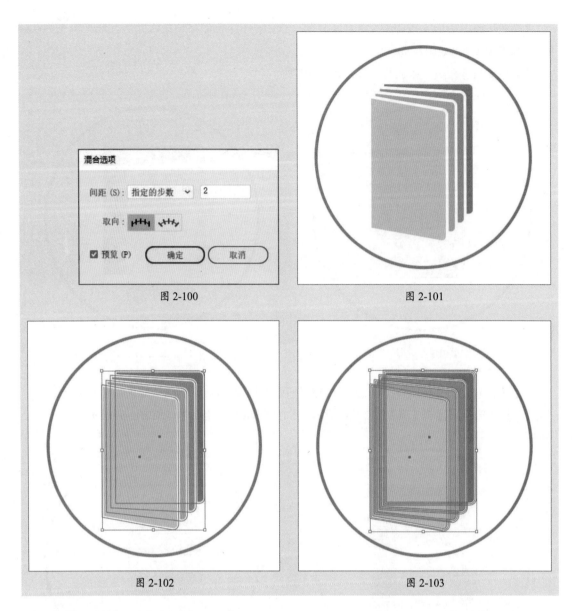

图 2-100

图 2-101

图 2-102

图 2-103

步骤 15 选中第4层混合对象，单击"路径查找器"面板中的"减去顶层"按钮，减去顶层后的效果如图2-104所示。

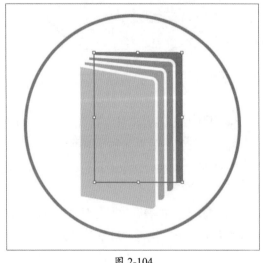

图 2-104

步骤16 选中第3层混合对象，按Ctrl+C组合键复制，按Ctrl+B组合键粘贴在后面。选中第4层对象和复制对象，单击"减去顶层"按钮，减去顶层后的效果如图2-105所示。

步骤17 使用相同的方法，复制前一层对象，并通过复制对象减去后面一层对象的部分，完成后的效果如图2-106所示。

图 2-105

图 2-106

步骤18 使用"钢笔工具"绘制路径，并设置其填充为红色，描边为无，效果如图2-107所示。

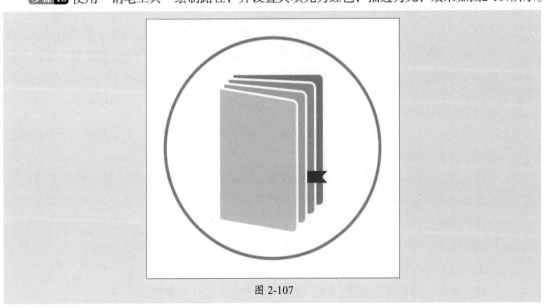

图 2-107

至此，扁平化风格图标制作完成。

1. Q：图标在 UI 设计中的作用是什么？

    A： 图标是UI设计中的关键元素，在UI设计中具有以下作用。

- 替代文字，以生动形象的外观直观地表达、传播信息。
- 视觉冲击力强，能够快速抓住用户视线，突出重点。
- 增加界面层次感和可阅读性。
- 风格明显，具有记忆点，可以加深品牌印象，吸引用户关注。
- 交互性强，用户点击操作体验感更好。

2. Q：图标在输出时要注意什么？

    A： 图标输出包括矢量和位图两种格式，位图格式包括PNG、JPG，矢量格式包括svg、gif等。图标输出尺寸区域一般保持在1：1，在输出图标时，不仅需要输出图标元素，还要输出不可见的图标区域，即安全区域，以保证图标元素在视觉上保持一致。

3. Q：界面中所有图标都要保持风格一致吗？

    A： 不一定，在进行UI设计的图标设计时，保证同一功能区中的图标设计风格统一，如使用线性图标，则全部是线性图标；整体界面不同功能区中的图标风格契合，视觉效果合理即可。

4. Q：设计图标时，需要严格保持尺寸一致吗？

    A： 在保证尺寸规范的前提下，设计图标时还需要考虑视觉感受，如长宽一致的情况下，圆形在视觉效果上小于正方形，在设计类似形状的图标时，就需要考虑稍微放大圆形图标尺寸，以保证图标视觉大小一致。

5. Q：图标设计流程是什么？

    A： 图标设计可以按照调研分析、要素挖掘、设计图形、建立风格、细节修正和场景测试的流程来进行，具体如下。

- **调研分析：** 设计图标之前应对设计需求、相关竞品进行分析调研，确定设计方向。
- **要素挖掘：** 图标在UI设计中起到传播信息的作用，在设计时应结合其作用挖掘要素，寻找隐喻，以保证图标契合含义。
- **设计图形：** 图形设计是图标成型最关键的一步，设计师需要根据前期的工作及图标规范绘制草图，提炼图标。
- **建立风格：** 结合前期调研工作，确定契合主流及设计需求的风格。
- **细节修正：** 在草图的基础上修正细节，使图标更具自身特色，从竞品中脱颖而出。
- **场景测试：** 测试图标在不同场景中的使用，并根据效果微调，确保图标的可用性和可识别性。

第3章
控件设计

控件是用户界面中的可视化元素，包括文本框、按钮、复选框、单选框等不同的元素，这些元素为用户提供丰富的交互体验。本章对控件设计的相关知识进行说明，包括控件的基础知识及常见的控件类型等。

3.1 控件的基础知识

控件是指对数据和方法的封装，在UI设计中控件可以增强界面的交互性，提高用户体验。本节对控件的基础知识进行说明。

▌3.1.1 控件的概念

控件是与系统界面操作有关的单位元件，通过控件可以构建并布置界面，提供用户界面的可视化元素，使用户更加轻松地操作应用程序。常见的控件包括按钮、文本框、滑动条、对话框等，如图3-1、图3-2所示。

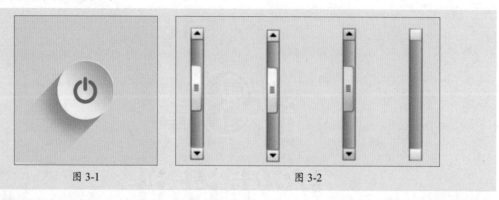

图 3-1   图 3-2

注意事项 │ 控件和组件 │

控件（Control）由单一元素组合而成，组件（Component）由多个控件组合而成。组件通常包括导航、表单、弹窗、浮层等。

常见控件的作用如下。

- **按钮：** 用于触发某种交互行为，如提交、注册、确定等。
- **开关：** 用于启动或关闭某项功能或服务，如图3-3所示。

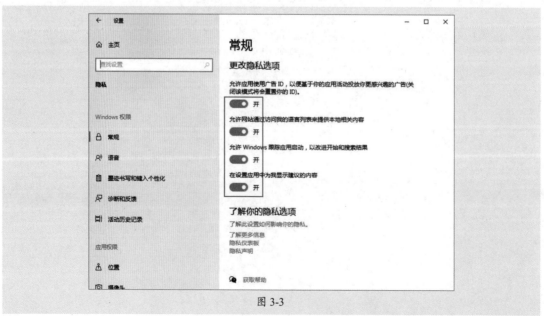

图 3-3

- **滑块：**用于操作长页面或调整参数，如图3-4所示。在设计时要考虑滑块的颜色、形状、大小等要素。

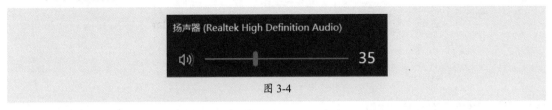

图 3-4

- **文本框：**用于输入或显示信息，如图3-5所示。

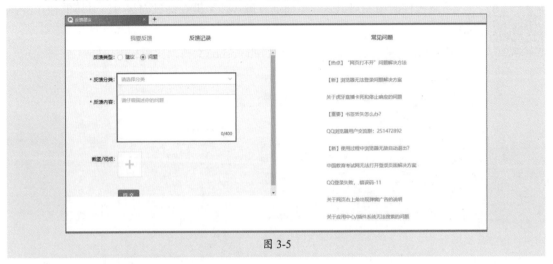

图 3-5

- **菜单：**用于使用类别和子类别进行导航。

3.1.2 控件的规范

设计控件时应遵循UI设计的基础规范，除此之外，还可以了解一些需要注意的控件设计规范，以便更有效率地开展工作。

- 在设计可点击控件时，应考虑到用户手机点击灵敏性的问题，确保最小可点击区域不小于48dp，如图3-6所示。

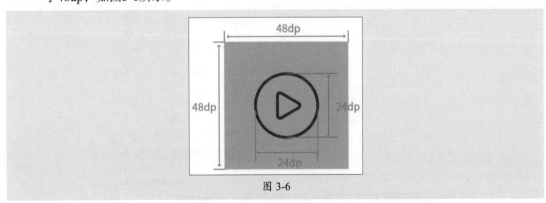

图 3-6

- 控件中的文字一般与系统适配，iOS系统中一般中文字体为苹方黑体，英文字体为San Francisco；Android系统中一般中文字体为思源黑体，英文字体为Roboto，如图3-7所示。

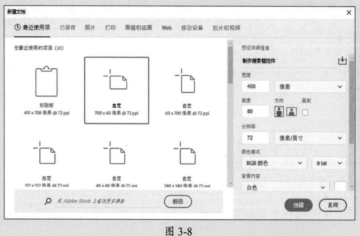

图 3-7

动手练 制作搜索框控件

了解控件的相关知识后，下面通过制作搜索框控件巩固学习，具体的操作步骤如下。

步骤 01 新建一个400×60px大小的Photoshop文档，如图3-8所示。

图 3-8

步骤 02 设置前景色为蓝色（#3A61F9），按Alt+Delete组合键填充前景色，如图3-9所示。

步骤 03 使用"矩形工具"□绘制矩形，在"属性"面板中设置矩形属性，如图3-10所示。

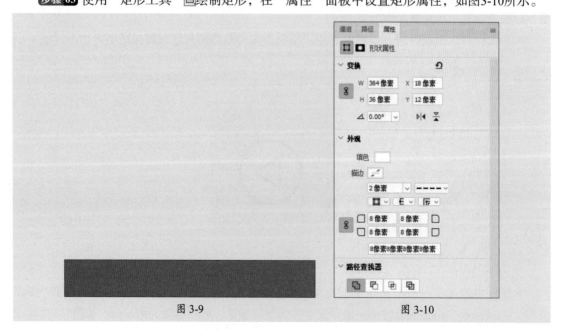

图 3-9　　　　　　　　　　　　　　图 3-10

步骤 04 效果如图3-11所示。

步骤 05 执行"视图"|"新建参考线"命令，打开如图3-12所示的"新建参考线"对话框，设置参数。

图 3-11 图 3-12

步骤 06 完成后，单击"确定"按钮新建参考线，使用"自定义形状工具" ，在选项栏中选择"搜索"形状后在文档编辑窗口绘制形状，如图3-13所示。

步骤 07 在"属性"面板中设置参数，效果如图3-14所示。

图 3-13 图 3-14

步骤 08 在垂直方向上58px处新建参考线，新建图层后使用"文字工具" 输入文字，如图3-15所示。

步骤 09 选中输入的文字，在"属性"面板中设置参数，如图3-16所示。

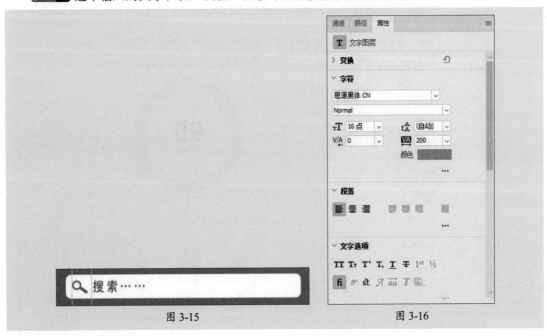

图 3-15 图 3-16

步骤 10 效果如图3-17所示。

步骤 11 在垂直方向上318px处新建参考线，使用"直线段工具"绘制一个颜色与文字一致，长度为28px的直线段，如图3-18所示。

图 3-17 　　　　　　　　　　　　　　　　图 3-18

步骤 12 在直线段右侧输入文字，设置颜色为蓝色（#3A61F9），字体为思源黑体，如图3-19所示。

步骤 13 按Ctrl+H组合键隐藏参考线，效果如图3-20所示。

图 3-19 　　　　　　　　　　　　　　　　图 3-20

至此，搜索框控件制作完成。

3.2　常见控件类型

选择控件、按钮控件、文本框控件等常见控件，可以丰富界面内容，使界面更具交互感。下面对常见的部分控件进行介绍。

3.2.1　按钮控件

按钮是UI设计中最基础、最常见的控件之一，如图3-21、图3-22所示。通常用于触发某些操作，如提交表单、确认、取消等。本节将对按钮的作用、状态等进行说明。

图 3-21 　　　　　　　　　　　　　　　　图 3-22

1. 按钮的作用

按钮在UI设计中一般起到以下3个作用。

- 强调功能，包括返回、确定按钮等。
- 指引操作，包括查看更多等。
- 强化操作习惯，包括签到打卡等。

2. 按钮的内容

按钮一般包括圆角、内间距、填充、文字等组成要素，部分按钮还会添加投影效果，如图3-23所示。

图 3-23

下面将对按钮的组成要素进行介绍。

- **容器：** 整个按钮的载体，容纳文案、图标等元素。
- **圆角：** 柔化按钮，使按钮更具亲和力。最常见的为小圆角，用户也可以根据风格选择严谨锋利的全直角或圆润亲和的全圆角。
- **内边距：** 扩大按钮的可点击范围，使用户获得较好的使用体验。
- **图标：** 通过图像形象地表达按钮含义。
- **边框：** 确定按钮的边界，多用于次级按钮。
- **填充：** 表达按钮当前状态，不同的颜色还可以潜意识影响用户体验。
- **文字：** 直观表明按钮作用，一个按钮中的文字一般不超过5个。
- **投影：** 增加按钮质感及层次感，多选用与按钮接近的颜色。

3. 按钮的状态

按钮一般包括正常、点击、悬停、失效、加载五种状态，如图3-24所示。

图 3-24

这五种状态的特点及样式说明如下。

- **正常：** 界面中的常规显示效果。
- **点击：** 点击或按压后的效果，颜色通常增加或减少20%的暗度。
- **悬停：** 鼠标悬停在按钮上的效果，移动端无作用，颜色一般增加或减少10%的黑色。
- **失效：** 不可操作状态，颜色多为#CCCCCC或#999999。
- **加载：** 等待状态，用于操作后等待反馈时。

动手练 制作不同状态的按钮控件

了解按钮的相关知识后，下面通过制作不同状态的按钮控件进行巩固。具体的操作步骤如下。

步骤 01 新建一个720×60px大小的Illustrator文档，如图3-25所示。

步骤 02 使用"圆角矩形工具"，在画板中单击，打开如图3-26所示的"圆角矩形"对话框，设置参数。

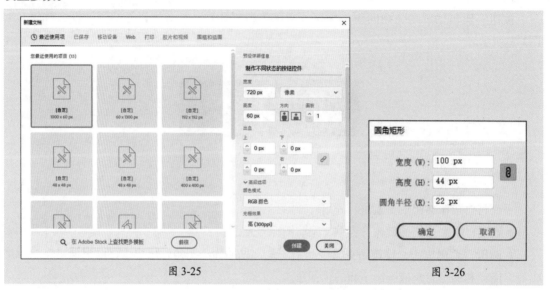

图 3-25   图 3-26

步骤 03 完成后，单击"确定"按钮创建圆角矩形，在"属性"面板中设置参数，如图3-27所示。

步骤 04 完成后的效果如图3-28所示。

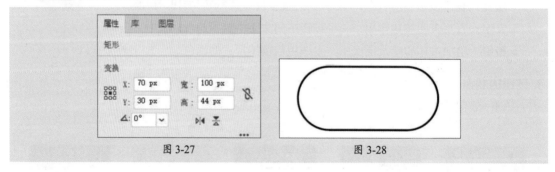

图 3-27   图 3-28

步骤 05 选中圆角矩形，在控制栏中设置其填充为绿色（#7DBE8D），描边为无，效果如图3-29所示。

步骤 06 选择"文字工具"，在圆角矩形上单击并输入文字，如图3-30所示。

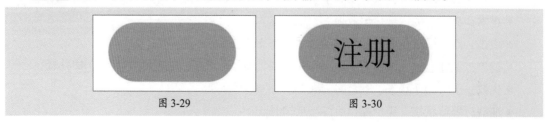

图 3-29   图 3-30

步骤 07 在"属性"面板中设置文字的字体字号等参数，如图3-31所示。

步骤 08 效果如图3-32所示。

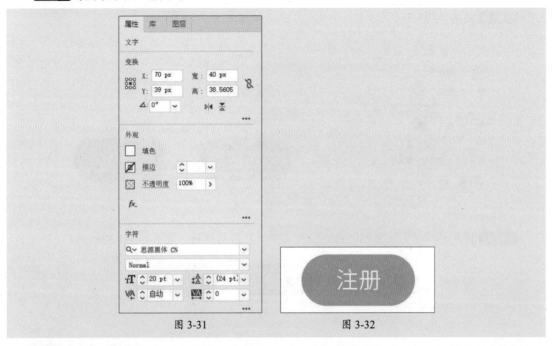

图 3-31   图 3-32

步骤 09 选中圆角矩形，执行"效果"|"风格化"|"投影"命令，打开如图3-33所示的"投影"对话框，设置参数。

步骤 10 完成后单击"确定"按钮，效果如图3-34所示。

图 3-33   图 3-34

步骤 11 选中所有内容，按Ctrl+C组合键复制，按Ctrl+F组合键粘贴在前面，在"属性"面板中设置参数，如图3-35所示。

步骤 12 效果如图3-36所示。

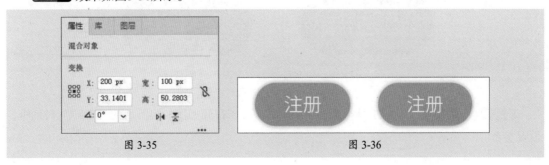

图 3-35   图 3-36

步骤 13 选中圆角矩形，按Ctrl+C组合键复制，按Ctrl+F组合键粘贴在前面，在"外观"面板中删除"投影"效果，并设置填充为黑色，不透明度为10%，如图3-37所示。

步骤 14 效果如图3-38所示。

图 3-37   图 3-38

步骤 15 使用相同的方法复制圆角矩形和文字，并进行调整，效果如图3-39所示。

图 3-39

步骤 16 使用相同的方法复制圆角矩形和文字，并进行调整，效果如图3-40所示。

图 3-40

步骤 17 使用相同的方法复制圆角矩形和文字，并进行调整，效果如图3-41所示。

图 3-41

步骤 18 使用"直线段工具"绘制一段长度为4、描边为白色、粗细为2pt、端点为圆点的线段，如图3-42所示。

步骤 19 选中线段后，按住Alt键向下拖动鼠标进行复制，如图3-43所示。

图 3-42   图 3-43

步骤 20 选中线段，双击工具栏中的"旋转工具"，打开如图3-44所示的"旋转"对话框，设置参数。

步骤 21 完成后单击"复制"按钮，效果如图3-45所示。

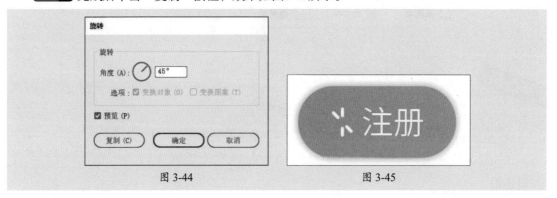

图 3-44   图 3-45

步骤 22 按Ctrl+D组合键重复操作，效果如图3-46所示。

图 3-46

至此，不同状态的按钮制作完成。

3.2.2 选择控件

选择控件又可细分为单选按钮、复选框、下拉选择等控件，这些控件在UI设计中呈现不同的视觉效果，下面对此进行说明。

1. 单选按钮

单选按钮是在界面中仅支持选择一个选项的控件，如图3-47所示。一般包括未选、选中、未选悬停、已选失效和未选失效五种状态，如图3-48所示。其中悬停状态在移动端无作用。

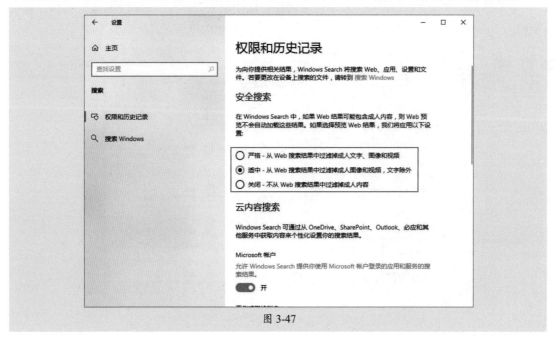

图 3-47

图 3-48

单选按钮

单选按钮一般会提供一个默认选项，用户既可以选择其他选项，也可以保持默认。

2. 复选框

复选框与单选按钮类似，都具有选择的作用，但复选框允许用户选择多个选项，选项卡一般设置为方形，如图3-49所示。

图 3-49

3. 切换控件

切换控件多用于开关选项，方便用户切换，如图3-50所示。需要注意的是，用户在单击切换控件时，其效果是即时生效的。

图 3-50

3.2.3　文本输入框控件

文本输入框控件支持用户输入文字，支持特定格式文本的处理，多用于登录、注册、搜索等界面，如图3-51所示。

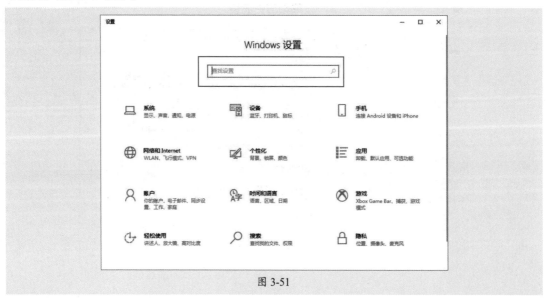

图 3-51

设计文本输入框控件时，应注意以下三点。

● 始终显示标签，以便在输入时进行提示。

● 标签应选取具有代表性的描述，简洁清晰，表述明确，以免引起歧义。

● 输入内容应设置提示语，以辅助用户填写正确的内容。

▌3.2.4 弹框控件

弹框控件是指在操作过程中弹出的控件，包括模态框和非模态框两种类型，如图3-52、图3-53所示。其中模态框会打断用户操作，用户必须操作后才能继续上窗口的操作；非模态框不会中断用户操作。

图 3-52   图 3-53

1. 模态框

常见的模态框有对话框、气泡弹框（浮出框）、活动视窗等，如图3-54所示，其作用分别如下。

● **对话框**：使用最广泛的模态框，一般承载非常重要的附加操作或警示信息。大多数对话框会配置引导用户操作的高亮选项。

● **气泡弹框**：一般由弹出窗口和一个指向位置的三角箭头组成，可以显示或隐藏页面中的折叠信息，多用于分类切换或常用操作的快捷入口。

● **活动视窗**：用于为用户提供更多功能选择，以完成当前任务的操作，多用于分享、打开操作。

图 3-54

2. 非模态框

常见的非模态框包括HUD（透明指示层）、吐司弹框（Toast）、SnackBars等，其作用分别如下。

- **HUD**：iOS专有弹框，多用于音量调整时出现的弹框。
- **吐司弹框**：多用于反馈信息，提醒用户当前所处的状态，如保存成功、发布成功的提示框等。显示时长一般为2～3.5秒。
- **SnackBars**：SnackBars兼具模态框和非模态框的特点，既会自动消失，也支持用户操作，显示时长一般为4～10秒。

⚛ 实战演练：制作升级弹框

控件是UI中非常常见的元素，在学习控件设计的相关知识后，下面练习制作升级弹框，具体的操作步骤如下。

步骤 01 新建一个640×700px大小的Photoshop文档，如图3-55所示。

步骤 02 执行"文件"|"置入嵌入对象"命令，导入本章素材文件，调整至合适位置，如图3-56所示。

步骤 03 选中置入的素材文件，单击"图层"面板底部的"添加图层蒙版"按钮创建蒙版，设置前景色为黑色，使用画笔工具涂抹，效果如图3-57所示。

图 3-55

图 3-56

图 3-57

步骤 04 使用文字工具输入位置，在"属性"面板中设置参数，如图3-58所示。效果如图3-59所示。

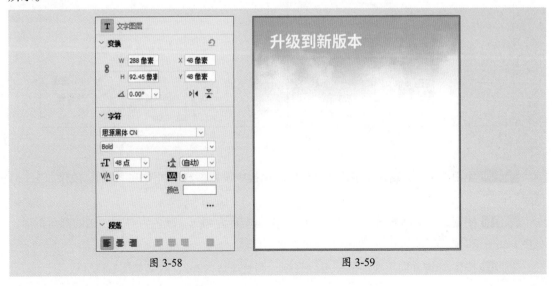

图 3-58

图 3-59

步骤 05 选中"新"字，在"属性"面板中设置字号为60pt，颜色为#EB7777，效果如图3-60所示。

步骤 06 使用矩形工具绘制一个100×32px、圆角半径为16px、颜色为#EB7777的圆角矩形，如图3-61所示。

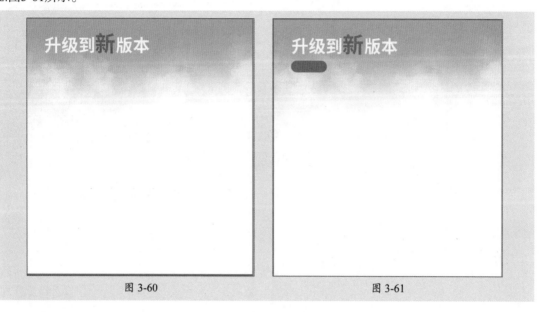

图 3-60　　　　　　　　　　　　　　图 3-61

步骤 07 使用文字工具在圆角矩形上输入文字，如图3-62所示。

步骤 08 导入本章素材文件，调整合适大小与位置，如图3-63所示。

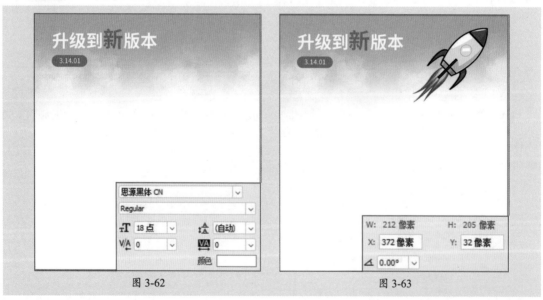

图 3-62　　　　　　　　　　　　　　图 3-63

步骤 09 使用文字工具输入文字，在"属性"面板中设置参数，如图3-64所示。效果如图3-65所示。

步骤 10 使用矩形工具绘制一个540×80px、圆角半径为40px、颜色为#77CCEB的圆角矩形，如图3-66所示。

步骤 11 按住Alt键并向下拖动鼠标进行复制，调整描边为2px，效果如图3-67所示。

图 3-64

图 3-65

图 3-66

图 3-67

步骤12 使用文字工具在圆角矩形上方输入文字，在"属性"面板中设置字体为思源黑体，字重为Regular，字号为36pt，颜色分别为白色和#CCCCCC，效果如图3-68所示。

至此，升级弹框制作完成。

图 3-68

1. Q：组件和控件的区别是什么？

A：组件和控件都可以承载交互行为，区别在于载体的大小，其中组件是指可重复使用并可以和其他对象进行交互的对象，由"类"实现；控件是能够提供用户界面接口（UI）功能的组件。简单来说，控件是具有用户界面功能的组件，组件是成组的控件。

2. Q：什么是模态框和非模态框？

A：模态框和非模态框都属于弹窗，具体如下。

- **模态框：**指中断用户操作，用户必须完成对话框内任务或关闭对话框才能够继续主窗口操作的弹框，一般会有一层黑色透明的蒙版，操作明确，不易被误解，常见的模态框包括警告框、确认框等；
- **非模态框：**指不会影响主窗口流程，用户可以继续主窗口操作的弹框，一般用于向用户告知信息，如保存成功等信息，常见的非模态框包括Toast提示框、SnackBar提示对话框等。

3. Q：组件包括哪些内容？

A：警告框、操作表、导航栏、标签栏、工具栏、面包屑、卡片滑块、注册登录、复选框组、标签栏、选择器、图表、弹窗、开关、加载、上传、反馈等都属于组件。

4. Q：按钮的设计类型包括什么？

A：按钮是UI界面中的常见控件，其常见的设计类型包括以下六种。

- **CTA（行为召唤）按钮：**是页面中最吸引用户操作的按钮，其目的是通过设计鼓励用户采取某种行动，此操作为特定页面或屏幕提供链接（例如购买、联系、订阅等）。
- **FAB（悬浮操作）按钮：**用于承载界面中最关键的操作或核心功能，如分享、创建、收藏等。
- **文字按钮：**纯文字按钮，当光标悬停时，文字的颜色会改变，或出现下画线，通常用于创建辅助交互式区域，而不会分散主要控件或CTA元素的注意力。
- **下拉按钮：**用于为用户提供一个下拉列表，以添加特定项目，单击该按钮将显示下拉列表。
- **汉堡按钮：**隐藏的菜单按钮，外观是三条水平线，类似于汉堡包。
- **加号按钮：**用于创建、添加新内容的按钮，单击后直接切换至创建内容的模态窗口。

5. Q：控件的设计要求是什么？

A：符合功能逻辑；保持交互一致性；便于修改设计；便于多设计师写作；保持视觉风格统一。

第4章
动效设计

　　UI动效可以生动形象地展示产品功能，使产品更具亲和力和趣味性，加深用户印象。本章对UI动效设计的相关知识进行介绍，包括UI动效概述、UI动效类型等基础知识；After Effects的使用及GIF动画的输出等UI动效的制作输出方式。

动效是UI设计中应用非常广泛的一种元素，通过动效可以增加UI设计的交互体验，使UI设计的用户体验效果更加流畅自然。

4.1.1 认识UI动效

顾名思义，UI动效是指用户界面中所有运动的效果，在实际工作中应用非常广泛。合理的动效可以生动地展示UI设计的细节，使枯燥的界面变得有趣，从而让用户更加清晰地感知产品。图4-1所示即为开启快捷开关时出现的小动画。

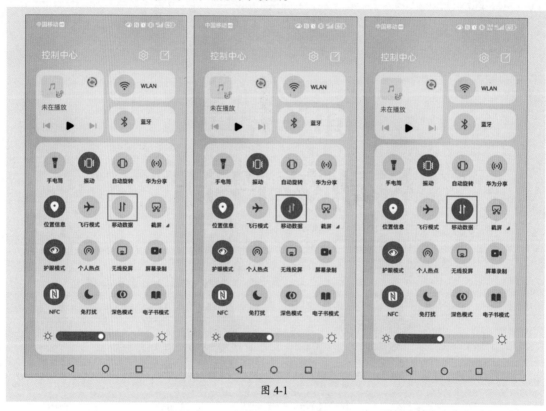

图 4-1

在制作UI动效时，应注意以下三点。

- **统一动效风格：** 同一款应用中的动效形式不宜过多，简化动态效果，使界面清爽有序，可以给用户带来更加优越的体验。
- **符合运动规律：** 根据运动规律统一动效的节奏，使动效更具表现力，同时符合用户视觉效果，不会造成逻辑混乱的差错感。
- **合理添加动效：** 动效并不是越多越好，根据界面效果合理地添加动效，可以向用户直观地提示当前的操作效果，使用户及时获得操作的反馈，用户体验更佳。

4.1.2 UI动效类型

根据作用的不同，可以将UI动效分为功能型动效和展示型动效两种类型。

- **功能型动效：** 即用户与界面交互产生的动效，包括内容呈现动效、空间扩展动效、转场过渡动效、反馈动效、层级展示动效及提示动效等，如图4-2所示。

图 4-2

- **展示型动效：** 用于展示酷炫效果或功能演示的动效，如图4-3所示。

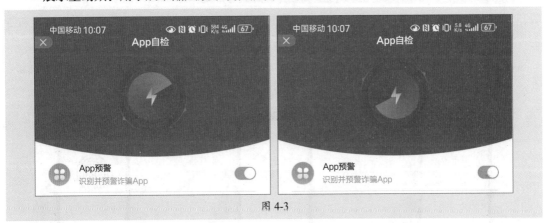

图 4-3

动手练 制作扫码动效

动效可以增加产品界面的趣味性，引导用户操作。本案例将通过Photoshop软件制作扫码动效，具体的操作步骤如下。

步骤 01 打开本章素材文件，如图4-4所示。

步骤 02 执行"文件"|"置入嵌入对象"命令，导入素材文件，调整大小与位置，如图4-5所示。

步骤 **03** 按Ctrl+J组合键复制，双击复制后的图层名称空白处，打开"图层样式"对话框，勾选"颜色叠加"复选框和"外发光"复选框，设置参数，如图4-6所示。

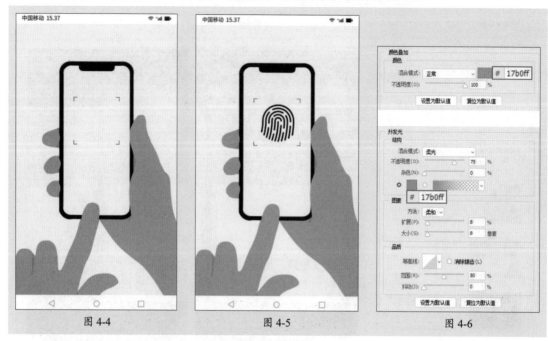

图4-4　　　　　　　　　　图4-5　　　　　　　　　　图4-6

步骤 **04** 完成后单击"确定"按钮，效果如图4-7所示。

步骤 **05** 使用直线工具绘制一条直线段，设置其填充为#17B0FF至白色透明的对称渐变，效果如图4-8所示。修改直线图层名称为"扫描线"。

步骤 **06** 选中复制的指纹图层，单击"图层"面板底部的"添加图层蒙版"按钮添加图层蒙版，使用矩形选区工具选中直线下方区域，设置前景色为黑色，按Alt+Delete组合键填充前景色，效果如图4-9所示。

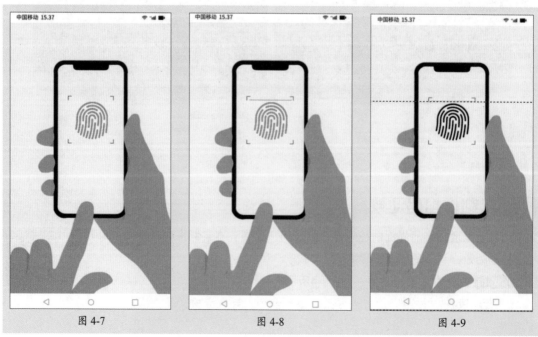

图4-7　　　　　　　　　　图4-8　　　　　　　　　　图4-9

步骤 07 按Ctrl+D组合键取消选区。执行"窗口"|"时间轴"命令，打开"时间轴"面板，单击"创建视频时间轴"按钮创建视频时间轴，如图4-10所示。

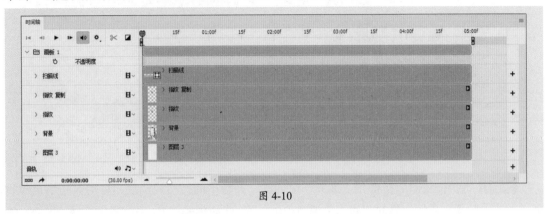

图 4-10

步骤 08 展开"指纹 复制"图层，单击"图层蒙版位置"属性左侧的"启用关键帧动画"按钮，添加关键帧，如图4-11所示。

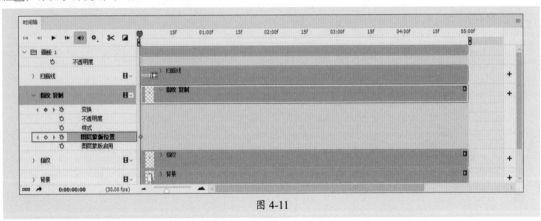

图 4-11

步骤 09 在"图层"面板中单击图层蒙版和图层之间的链接图标解除链接，移动时间线至1秒处，使用移动工具调整蒙版位置，显示复制指纹，此时"时间轴"面板中将自动出现关键帧，如图4-12所示。

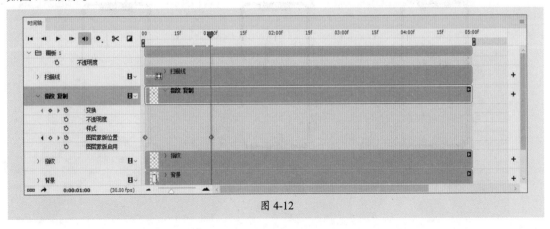

图 4-12

步骤 10 将时间标尺中的"设置工作区域的结尾"图标移动至1秒处，如图4-13所示。

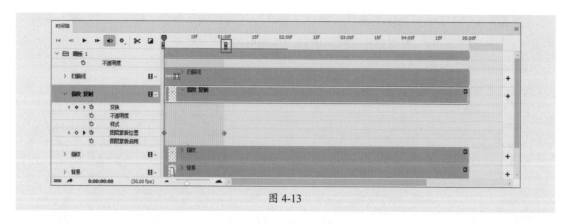

图 4-13

步骤 11 将扫描线图层栅格化。展开"时间轴"面板中的扫描线图层，移动时间线至起始处，单击"位置"属性左侧的"启用关键帧动画"按钮 ⏱ 添加关键帧。移动时间线至1秒处，使用移动工具调整扫描线位置至指纹下方，此时"时间轴"面板中将自动出现关键帧，如图4-14所示。

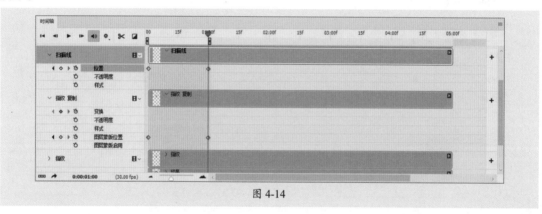

图 4-14

步骤 12 按空格键预览效果，如图4-15所示。

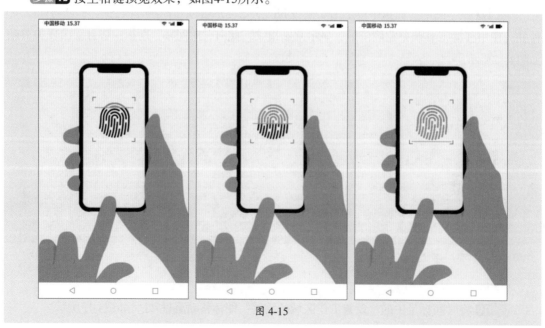

图 4-15

步骤 13 移动时间线至起始处。使用矩形工具绘制一个200×48px、填充为#FF7581、圆角半径为8px的圆角矩形，如图4-16所示。

步骤 14 使用文字工具在圆角矩形上方输入文字，在"属性"面板中设置参数，如图4-17所示。效果如图4-18所示。

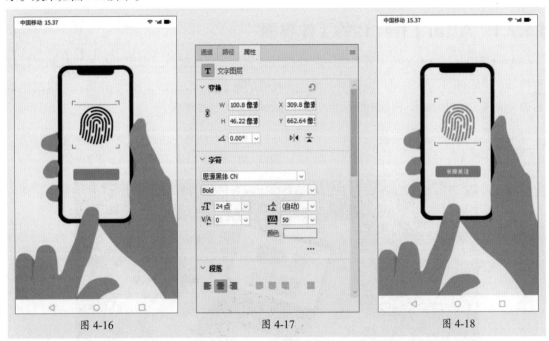

图 4-16　　　　　　　　　　图 4-17　　　　　　　　　　图 4-18

步骤 15 按Alt+Ctrl+Shift+S组合键打开"存储为Web所用格式"对话框，选择预设为"GIF 32 仿色"，如图4-19所示。完成后单击"存储"按钮将其保存。

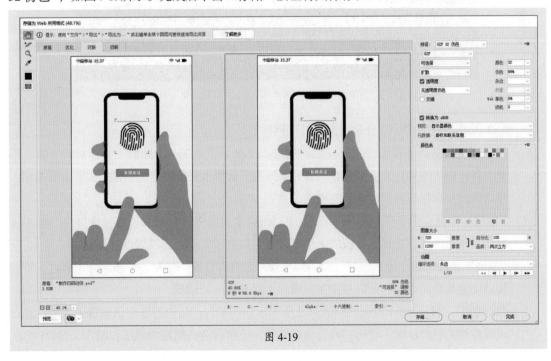

图 4-19

至此，扫码动效制作完成。

4.2 制作UI动效

After Effects简称AE，是一款优秀的特效制作视频软件，用户可以通过After Effects软件实现UI设计中的动态效果。

▌4.2.1 After Effects的工作界面

After Effects是Adobe公司开发的一款非线性特效制作视频软件，多用于合成视频和制作视频特效。该软件可以帮助用户创建动态图形和精彩的视觉效果，结合UI设计知识，可以制作更具视觉表现力的UI动效。图4-20所示为After Effects软件的工作界面。

图 4-20

After Effects工作界面中部分常用面板的作用如下。

- **工具栏：** 包括一些常用的工具按钮，如选取工具、手形工具、缩放工具、旋转工具、形状工具、钢笔工具、文字工具等，部分图标右下角为小三角形的工具含有多重工具选项，单击并按住鼠标不放即可看到隐藏的工具。
- **"项目"面板：** 用于存放After Effects中的所有素材文件、合成文件以及文件夹。选中素材或文件后，在"项目"面板的上半部分还可以查看其缩览图及属性等信息。
- **"合成"面板：** 用于显示当前合成的画面效果，具有预览、控制、操作、管理素材、缩放窗口比例等功能，用户可以直接在该面板上对素材进行编辑。
- **"时间轴"面板：** 用于控制图层效果及图层运动的平台，用户可以在该面板中精确设置合成时各种素材的位置、时间、特效和属性等，还可以调整图层的顺序和制作关键帧动画。

4.2.2 UI动效制作

After Effects是功能非常强大的UI动效工具，支持UI设计中多种转场及动效的制作，下面进行详细讲解。

1. 新建项目

After Effects中的项目等同于其他软件中的文件，用户可以执行"文件"|"新建"|"新建项目"命令，或按Ctrl+Alt+N组合键，快速建立一个默认的空白项目，如图4-21所示。

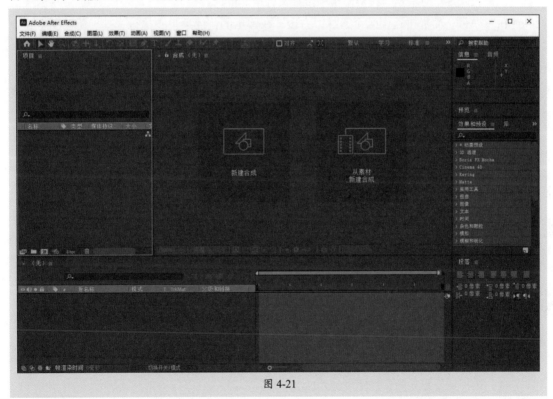

图 4-21

2. 新建合成

合成类似于Photoshop中的画板，是影片的框架，用户既可以通过命令创建空白合成，也可以基于素材新建合成，如图4-22所示。

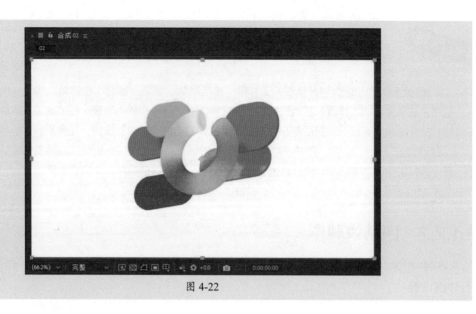

图 4-22

新建合成的方式主要包括以下三种。

- 执行"合成"|"新建合成"命令，或单击"项目"面板底部的"新建合成"按钮，打开"合成设置"对话框，在对话框中可新建合成。
- 在"项目"面板中选中某个素材，右击，在弹出的快捷菜单中执行"基于所选项新建合成"命令，或直接将素材拖至"项目"面板底部的"新建合成"按钮，新建基于单个素材的合成。
- 在"项目"面板中同时选择多个文件，执行"文件"|"复制项目为新的合成"命令，或将多个素材拖至"项目"面板底部的"新建合成"按钮，打开"从所选择新建合成"对话框，在对话框中可新建基于多个素材的合成。

重新设置合成

执行"合成"|"合成设置"命令，或按Ctrl+K组合键，叩以打开"合成设置"对话框，重新设置合成参数。

3. 导入素材

素材是After Effects的基本构成元素，包括动态视频、静帧图像、音频文件、分层文件等类型。不同的素材可以通过不同的方法导入。

- **导入单个或多个素材**：执行"文件"|"导入"|"文件"命令，打开"导入文件"对话框，选择需要导入的文件即可导入。
- **导入序列文件**：在"导入文件"对话框中选择"序列"选项，即可以序列的方式导入素材。
- **导入Premiere项目文件**：在After Effects中导入Premiere的项目文件后会直接创建一个合成，并以层的形式包含项目文件中的所有素材。执行"文件"|"导入"|"导入Adobe Premiere Pro项目"命令，打开"导入Adobe Premiere Pro项目"对话框，选择Premiere项目文件后单击"打开"按钮，打开"Premiere Pro导入器"对话框，选择"所有序列"后

单击"确定"按钮，即可将其导入After Effects中。

● **导入含有图层的素材：** After Effects中可以保留psd、ai等含有图层的文件中的所有信息，包括层的信息、Alpha通道、调整层、蒙版层等。用户可以选择以"素材"或"合成"的方式进行导入。

4. 图层基本属性

After Effects是一个层级式的影视后期处理软件，层是整个项目操作过程中常见的元素。After Effects中的图层一般具有锚点、位置、缩放、旋转和不透明度5个基本属性，如图4-23所示。在时间轴面板中单击展开按钮，即可编辑图层属性。

图 4-23

● **锚点：** 锚点是图层的轴心点，控制图层的旋转或移动，默认情况下锚点在图层的中心，用户可以在"时间轴"面板中重新设置锚点。

● **位置：** 用于控制图层对象的位置坐标，普通的二维图层包括x坐标和y坐标两个参数，三维图层则包括x坐标、y坐标和z坐标三个参数。

● **缩放：** 以锚点为基准来改变图层的大小。

● **旋转：** 用于控制图层对象旋转的角度及圈数。

● **不透明度：** 用于设置图层对象的透明效果，数值越小越透明。

5. 关键帧

帧是动画中最小单位的单幅影像画面，而关键帧是指具有关键状态的帧，2个不同状态的关键帧就形成了动画效果。下面对关键帧的创建与编辑进行介绍。

在"时间轴"面板中展开属性列表，可以看到每个属性左侧有"时间变化秒表"图标，它是关键帧的控制器，控制并记录关键帧的变化，也是设定动画关键帧的关键。

单击"时间变化秒表"图标，激活关键帧，此后无论是修改该属性参数，还是在"合成"面板中调整图像对象，都会自动生成关键帧，如图4-24所示。再次单击"时间变化秒表"图标，会移除所有关键帧。

图 4-24

知识点拨

添加关键帧

　　除了修改参数生成关键帧外，用户也可以移动当前时间指示器后，单击属性左侧的"在当前时间添加或移除关键帧"图标▶添加关键帧。

注意事项 │关键帧应用│

在实际工作中，往往会为一个素材添加多个属性的关键帧，以制作更加丰富有趣的动态效果。

　　创建关键帧后，可以根据设计需要对其进行选择、移动、复制、删除等操作，具体操作方式如下。

- **选择关键帧**：在"时间轴"面板中单击▶图标，即可选中该关键帧。若想一次性选择多个关键帧，可以按住Shift键加选，或者按住鼠标左键拖曳，可选中框选范围内的多个关键帧。
- **移动关键帧**：选中关键帧后按住鼠标左键拖动，即可移动其位置。
- **复制关键帧**：选中要复制的关键帧，执行"编辑"|"复制"命令，或按Ctrl+C组合键复制，移动当前时间指示器至要粘贴的位置，执行"编辑"|"粘贴"命令，或按Ctrl+V组合键粘贴即可。
- **删除关键帧**：选中要删除的关键帧，执行"编辑"|"清除"命令，或按Delete键，即可将其删除。

4.2.3　蒙版和形状

　　蒙版是指通过蒙版层中的图形或轮廓对象透出下方图层中的内容。用户可以通过形状工具、钢笔工具等创建形状和蒙版。

1. 形状工具组

　　形状工具组中的工具可以绘制规则的几何形状及蒙版，该工具组中包括"矩形工具"▢、"圆角矩形工具"▢等工具，如图4-25所示。

图 4-25

　　在未选中素材的情况下，使用形状工具组中的工具绘制形状，可以绘制如图4-26所示的形状；在选中素材的情况下使用形状工具组中的工具绘制形状，可创建相应形状的蒙版，如图4-27所示。

图 4-26

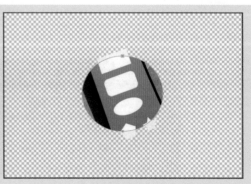

图 4-27

键盘↑↓键的妙用

使用多边形工具和星形工具时，在拖曳过程中按键盘的↑键和↓键，可更改多边形边数及星形的角点数，按住Ctrl键拖曳鼠标可更改星形比例。

2. 钢笔工具组

钢笔工具组中的工具可以绘制不规则的形状及蒙版，该工具组中包括"钢笔工具" 、"蒙版羽化工具" 等工具，如图4-28所示。钢笔工具创建蒙版的方法与形状工具组中的工具一致，选中素材后使用钢笔工具绘制路径即可创建蒙版，如图4-29所示。

图 4-28

图 4-29

钢笔工具组中各工具作用如下。

- **钢笔工具**：用于绘制不规则的形状或蒙版。使用该工具单击创建锚点时，按住鼠标左键拖曳可创建平滑锚点。
- **添加"顶点"工具**：用于在路径上添加锚点，调整形状细节。选择该工具后，在路径上单击即可添加锚点，移动光标至锚点上，按住鼠标左键拖动可更改锚点位置。
- **删除"顶点"工具**：用于删除锚点，删除后与该锚点相邻的两个锚点之间会形成一条直线路径。
- **转换"顶点"工具**：使平滑锚点转换为硬转角，或使硬转角转换为平滑锚点，选择该工具后，在锚点上单击即可转换锚点。
- **蒙版羽化工具**：调整蒙版边缘的虚化程度，选择该工具后单击并拖动锚点，即可柔化该蒙版。

3. 形状属性

创建形状后，在"时间轴"面板的图层属性列表中可以设置形状的大小、位置、填充、描边等属性，如图4-30所示。

图 4-30

4.2.4 输出动效

使用After Effects制作完成动效后，可以将其输出为不同的格式，以便后续使用。选中要渲染的合成，执行"合成"|"添加到渲染队列"命令，或按Ctrl+M组合键，即可将合成添加至渲染队列，如图4-31所示。用户也可以直接将合成拖曳至"渲染队列"面板。"渲染队列"面板中各选项作用如下。

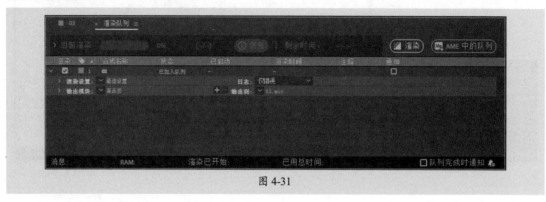

图 4-31

- **渲染设置：** 应用于每个渲染项，并确定如何渲染该特定渲染项的合成。用户可以单击"渲染队列"面板中"渲染设置"右侧的模块名称，打开"渲染设置"对话框，设置渲染的品质、分辨率、帧速率等参数。
- **输出模块：** 应用于每个渲染项，并确定如何针对最终输出处理渲染的影片。用户可以单击"渲染队列"面板中"输出模块"右侧的模块名称，打开"输出模块设置"对话框，设置输出格式、大小等参数。

动手练 制作logo的出现动效

After Effects功能非常强大，常用于制作UI动效。本案例将练习使用After Effects软件制作logo出现动效，具体的操作步骤如下。

步骤01 打开After Effects软件，执行"文件"|"新建"|"新建项目"命令新建文档，将本章素材文件拖曳至"项目"面板中，在打开的"logo出现动效素材"对话框中设置参数，如图4-32所示。

步骤02 完成后，单击"确定"按钮导入分层素材，如图4-33所示。

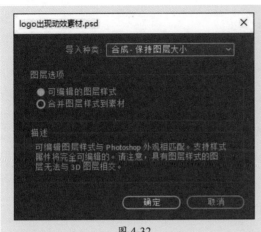

图 4-32

图 4-33

步骤 **03** 双击"画板1"合成素材，将其打开，在"项目"面板中右击"画板1"合成素材，在弹出的快捷菜单中执行"合成设置"命令，打开"合成设置"对话框，设置背景颜色为白色，持续时间为5秒，效果如图4-34所示。

步骤 **04** 在"时间轴"面板中展开"标志"图层，移动当前时间指示器至0:00:02:00处，单击"缩放"参数、"旋转"参数和"不透明度"参数左侧的"时间变化秒表"图标，添加关键帧，如图4-35所示。

图 4-34

图 4-35

步骤 **05** 移动当前时间指示器至0:00:00:00处，更改"缩放""旋转"和"不透明度"参数，软件将自动添加关键帧，如图4-36所示。

图 4-36

步骤 06 按空格键测试效果，如图4-37所示。

图 4-37

步骤 07 在"效果和预设"面板中搜索"高斯模糊"效果，拖曳至"时间轴"面板中的"旅行客"图层上，移动当前时间指示器至0:00:02:00处，展开"旅行客"图层，单击"模糊度"参数和"位置"参数左侧的"时间变化秒表"图标，添加关键帧，如图4-38所示。

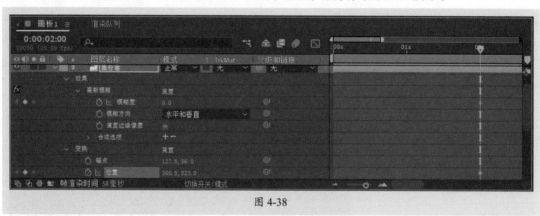

图 4-38

步骤 08 移动当前时间指示器至0:00:00:00处，更改"模糊度"参数和"位置"参数，软件将自动添加关键帧，如图4-39所示。

图 4-39

步骤 09 使用相同的方法为另一个图层添加效果并设置参数，添加关键帧，如图4-40所示。

步骤 10 按空格键测试效果，如图4-41所示。

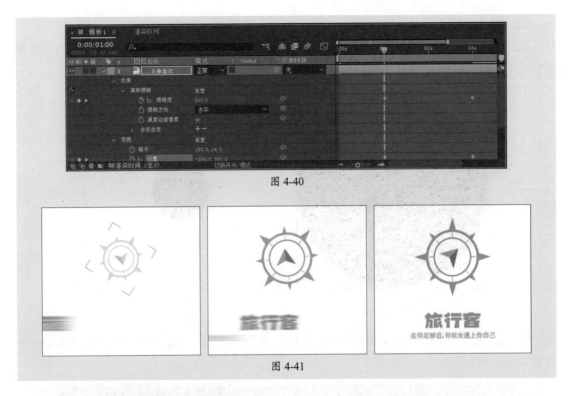

图 4-40

图 4-41

至此，logo的出现动效制作完成。

实战演练：制作加载动效

加载动效是界面中常见的动态效果，本案例将结合After Effects软件制作加载动效，具体操作步骤如下。

步骤01 打开After Effects软件，新建项目，执行"合成"|"新建合成"命令，打开"合成设置"对话框，新建一个720×720px大小的合成，如图4-42所示。

步骤02 使用相同的方法新建一个300×300px大小的合成，如图4-43所示。

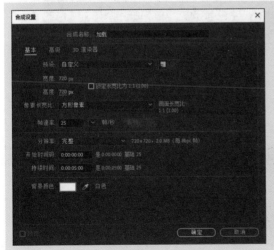

图 4-42

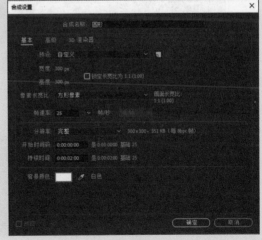

图 4-43

步骤 03 双击椭圆工具，在"圆形"合成中绘制一个圆形，如图4-44所示。

步骤 04 移动当前时间指示器至0:00:01:24处，按S键显示"缩放"参数，单击"缩放"参数左侧的"时间变化秒表"图标添加关键帧，设置"缩放"参数为30，效果如图4-45所示。

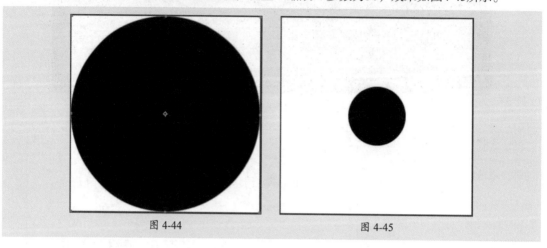

图 4-44   图 4-45

步骤 05 移动当前时间指示器至0:00:00:00处，设置"缩放"参数为100，软件将自动添加关键帧，如图4-46所示。

图 4-46

步骤 06 按T键显示"不透明度"参数，添加关键帧，并设置不透明度为0，如图4-47所示。

图 4-47

步骤 07 移动当前时间指示器至0:00:00:12处，设置不透明度参数为100，软件将自动添加关键帧，如图4-48所示。

图 4-48

步骤 08 使用相同的方法，在0:00:01:12处添加不透明度为100的关键帧，在0:00:01:24处添加不透明度为0的关键帧，如图4-49所示。

图4-49

步骤 09 双击"加载"合成将其打开，将"圆形"合成拖曳至"加载"合成中，按S键显示"缩放"参数，设置缩小图形，效果如图4-50所示。

步骤 10 按A键显示"锚点"参数，设置移动，效果如图4-51所示。

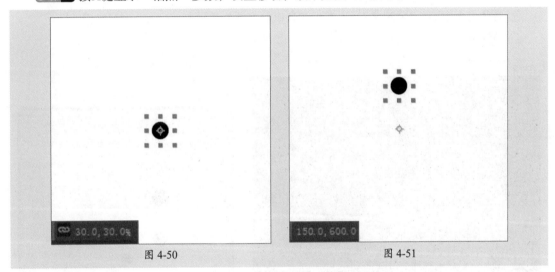

图 4-50   图 4-51

步骤 11 选中"时间轴"面板中的图层，按Ctrl+D组合键复制，按R键显示"旋转"参数，设置旋转，效果如图4-52所示。

步骤 12 使用相同的方法复制并旋转图形，重复多次，效果如图4-53所示。

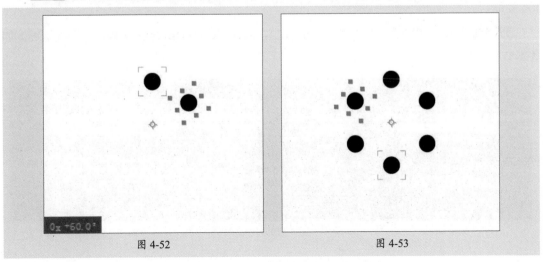

图 4-52   图 4-53

步骤 13 在"时间轴"面板中调整各图层的持续时间,调整工作区域结尾与最后一段素材末端对齐,如图4-54所示。

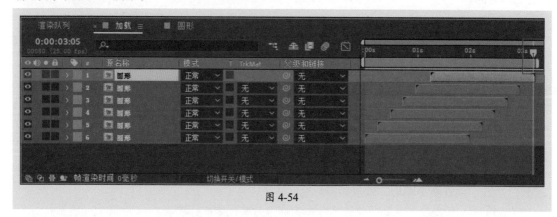

图 4-54

步骤 14 再次新建一个720×720px大小的合成,如图4-55所示。

步骤 15 将"加载"合成拖曳至该合成中,如图4-56所示。

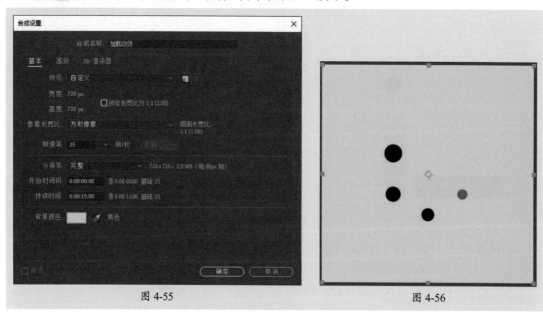

图 4-55   图 4-56

步骤 16 选中"时间轴"面板中的"加载"合成,按Ctrl+D组合键复制,并调整位置,如图4-57所示。

图 4-57

步骤 17 使用相同的方法复制并调整位置，效果如图4-58所示。

图 4-58

步骤 18 按空格键预览效果，如图4-59所示。

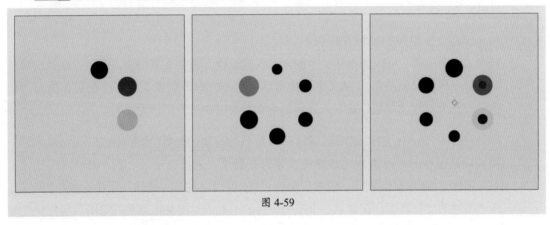

图 4-59

至此，加载动效制作完成。

1. Q：UI 动效有什么优点？

A：优秀的UI动效一般具有以下优点。

- 流畅自然，不影响用户的正常操作。
- 提升用户的操作感觉，使用户获得更好的体验。
- 及时地反馈操作，使用户获得满足感。
- 更具亲和力和趣味性，吸引用户操作。

2. Q：一个图层只能包含一个蒙版吗？

A：一个图层可以包含多个蒙版，其中蒙版层为轮廓层，决定看到的图像区域；被蒙版层为蒙版下方的图像层，决定看到的内容。

3. Q：怎么制作文字造型的形状和蒙版？

A：创建文本图层后，可以选择从文本创建形状或蒙版。选中文本图层，右击，在弹出的快捷菜单中执行"创建"|"从文字创建形状"命令，即可创建文本轮廓图层；执行"创建"|"从文字创建蒙版"命令，即可创建文本蒙版。

4. Q：在 After Effects 中设置图层属性时，怎么快速定位要设置的属性？

A：编辑图层属性时，可以利用快捷键快速打开属性。选择图层后，按A键可以打开"锚点"属性，按P键可以打开"位置"属性，按R键可以打开"旋转"属性，按T键可以打开"不透明度"属性。在显示一个图层属性的前提下，按Shift键及其他图层属性快捷键可以显示多个图层的属性。

5. Q：After Effects 中的父子图层是什么意思？

A：父级可以将某个图层的变换分配给其他图层来同步对图层所做的更改，影响除不透明度以外的所有变换属性。在一个图层成为另一个图层的父级后，该图层为父图层，另一个图层为子图层，更改父图层的变换属性时，子图层也会随之变换。要注意的是，一个图层只能有一个父级，但一个父图层可以包括多个子图层。

6. Q：制作关键帧动画时，怎么控制动画的变化速率？

A：关键帧插值可以调整关键帧之间的变化速率，从而影响变化效果。选中要设置关键帧插值的关键帧，右击，在弹出的快捷菜单中执行"关键帧插值"命令，打开"关键帧插值"对话框进行设置即可。常用的插值作用如下。

- **线性：**创建关键帧之间的匀速变化。
- **贝塞尔曲线：**创建自由变换的插值，用户可以手动调整方向手柄。
- **连续贝塞尔曲线：**创建通过关键帧的平滑变化速率，用户可以手动调整方向手柄。
- **自动贝塞尔曲线：**创建通过关键帧的平滑变化速率。
- **定格：**创建突然的变化效果，位于应用了定格插值的关键帧之后的图表显示为水平直线。

第5章
App 界面设计

　　App界面是用户对App的第一印象，对用户体验有极大地影响。本章将对App界面设计的相关知识进行说明，包括iOS及Android系统的设计规范，闪屏页、引导页等App常用界面类型的特点及作用等。

5.1 App界面设计规范

App一般指手机、平板电脑等设备中安装的应用程序，其界面是日常生活中常见的UI设计。在学习App界面设计之前，可以先了解App界面设计的规范。本节从iOS系统设计规范及Android系统设计规范两方面进行说明。

▌5.1.1 iOS系统设计规范

iOS是苹果公司开发的移动操作系统，是目前主流的操作系统之一。本节对iOS系统的设计规范进行介绍。

1. iOS系统中与设计相关的单位

PPI、倍率、逻辑像素、物理像素等名词是界面设计中常见的与单位相关的术语。

- **PPI**：像素密度，是屏幕分辨率的单位，表示每英寸所拥有的像素数量。像素密度越高，画面越清晰细腻。
- **倍率**：标准分辨率显示器具有1∶1的像素密度，用@1x表示，其中一个像素等于一个点。高分辨率显示器具有更高的像素密度，倍率为2.0或3.0，一般用@2x和@3x表示。简单来说，@2x是@1x分辨率的2倍，@3x是@1x分辨率的3倍。
- **逻辑像素**：逻辑像素的单位为点（pt），是根据内容尺寸计算的单位。
- **物理像素**：物理像素的单位为像素（px），是移动设备的实际像素。

2. iOS系统的界面尺寸

iOS系统的常见设备尺寸如表5-1所示。

表5-1

设备名称	屏幕尺寸	设计分辨率	屏幕分辨率	倍率
iPhone 14 pro max	6.7in	430 × 932pt	1290 × 2796px	@3X
iPhone 14 plus	6.7in	428 × 926pt	1284 × 2778px	@3X
iPhone 14 pro	6.1in	393 × 852pt	1179 × 2556px	@3X
iPhone 14/13 pro	6.1in	390 × 844pt	1170 × 2532px	@3X
iPhone 13 pro max	6.7in	428 × 926pt	1284 × 2778px	@3X
iPhone 13 mini	5.4in	375 × 812pt	1080 × 2340px	@3X
iPhone 11 pro max	6.5in	414 × 896pt	1242 × 2688px	@3X
iPhone 11	6.1in	414 × 896pt	828 × 1972px	@2X
iPhone X/XS	5.8in	375 × 812pt	1125 × 2436px	@3X
iPhone SE	4.0in	320 × 568pt	640 × 1136px	@2X

iOS系统还规范了状态栏、导航栏、标签栏等组成部分的高度，如表5-2所示。

表5-2

设备名称	状态栏高度	导航栏高度	标签栏高度	倍率
iPhone14 pro/14 pro max	162px/54pt	132px/44pt	147px/49pt	@3X
iPhone 12/12 pro/13/13 pro/14	141px/47pt	132px/44pt	147px/49pt	@3X
iPhone 11	144px/48pt	132px/44pt	147px/49pt	@3X
其他刘海屏	132px/44pt	132px/44pt	147px/49pt	@3X
非刘海屏	40px/20pt	88px/44pt	98px/49pt	@2X

　　状态栏位于界面最上方，主要用于显示当前时间、网络状态、电池电量、运营商等信息；导航栏位于状态栏下方，主要用于显示当前页面标题及功能图标；标签栏通常位于界面底部，也有少部分标签栏位于状态栏之下、导航栏之上，标签栏主要包括App的几大主要板块，通常由3~5个图标及文字组成。在设计iOS界面时，应遵循相关的设计规范，以使设计适配不同的设备。

3. 边距与间距

　　边距与间距在界面设计中有着非常独特的地位，看似不起眼，但极影响用户体验。若间距过大，则易使各版块之间缺少连贯的视觉引导，导致识别效率降低；若间距过小，则会显得拥挤，导致功能分类不明确。下面对边距与间距的设计规范进行介绍。

　　（1）全局边距

　　全局边距指页面板块内容到页面边缘之间的间距，多为偶数，常用的边距有20px、24px、30px、32px、40px及50px，其中最常用的是30px。图5-1所示为iPhone X的设置界面。

　　（2）卡片边距

　　卡片式设计是界面设计中的一种常用形式，其特点是通过色块背景分组信息，从而区分不同组别的内容，并合理地利用页面空间。卡片边距并不固定，会根据承载信息内容的多少来确定，一般不会低于16px。常用的边距为20px、24px、30px、40px，如图5-2所示。

图 5-1　　　　　　　　　　图 5-2

（3）内容间距

界面设计中主要依据格式塔原理确定界面的内容分布及内容之间的间距。一般来说，不同内容之间的相对距离越接近，且明显小于与其他内容的间距，则会被用户认为是一组，从而自然分组，如图5-3所示。

图 5-3

最小点击区域

iOS设备的最小点击区域是44pt，及88px（@2x），Android设备的最小点击区域是48dp（独立像素密度），在设计时，一般选择能被整除的偶数4和8作为最小单元格比较合适。

4. iOS 的文字规范

iOS的中文规范字体是苹方黑体（Ping Fang SC），英文规范字体是San Francisco（SF）和New York（NY）。其中，San Francisco（SF）是一种无衬线字体，在用户界面中最常见；而New York（NY）是一种衬线字体，多用于补充San Francisco（SF）使用。图5-4、图5-5所示分别为San Francisco（SF）和New York（NY）字体效果。

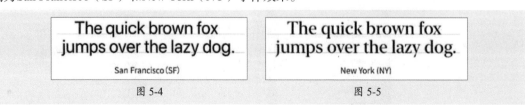

图 5-4   图 5-5

在iOS中，用户可以自定义文本大小，默认字体字号参数如表5-3所示。

表5-3

信息层级	字重（weight）	字号	行距
大标题	Regular	34pt	41pt
标题一	Regular	28pt	34pt
标题二	Regular	22pt	28pt
标题三	Regular	20pt	25pt
头条	Semi-Bold	17pt	22pt
正文	Regular	17pt	22pt
标注	Regular	16pt	21pt
副标题	Regular	15pt	20pt
注解	Regular	13pt	18pt
注释一	Regular	12pt	16pt
注释二	Regular	11pt	13pt

注意事项 | 最小字号 |

手机中显示的最小字号为10pt（@2x为20px），一般位于标签栏图标底部。标题和正文的字体大小差异至少为2pt（@2x为4px）。

5.1.2 Android系统设计规范

Android系统是一种基于Linux内核的、自由及开放源代码的移动操作系统，本节对Android系统的设计规范进行介绍。

1. Android 系统中与设计相关的单位

与iOS系统不同，Android系统中通常以DPI表示每英寸所拥有的像素数量，等同于iOS系统中的PPI；通过独立密度像素（dp）表示Android设备中的基本单位，等同于iOS系统中的pt，dp与px的转换公式为dp×PPI/160=px，即当设备的DPI值为320时，1dp=2px；同时使用独立缩放像素（sp）度量Android设置中的字体大小，当文字尺寸是正常状态时，1sp=1dp，当文字尺寸是大或超大状态时，1sp＞1dp。

2. Android 界面尺寸

Android手机尺寸较多，在设计时根据固定密度进行制作，即可应对不同分辨率。表5-4所示为Android系统常用的界面尺寸。

表5-4

密度	密度数	分辨率	倍数关系	px、dp 关系
xxxhdpi	640	2160×3840px	@4x	1dp=4px
xxhdpi	480	1080×1920px	@3x	1dp=3px
xhdpi	320	720×1280px	@2x	1dp=2px
hdpi	240	480×800px	@1.5x	1dp=1.5px
mdpi	160	320×480px	@1x	1dp=1px

在进行Android界面设计时，一般推荐使用720×1280px（@2x）和1080×1920px（@3x）两种尺寸。

在不同分辨率下，状态栏、导航栏、标签栏等适配栏目的高度如表5-5所示。

表5-5

密度	分辨率	状态栏高度	导航栏高度	标签栏高度
xxxhdpi	2160×3840px	96px	192px	192px
xxhdpi	1080×1920px	72px	144px	144px
xhdpi	720×1280px	48px	96px	96px
hdpi	480×800px	32px	64px	64px
mdpi	320×480px	25px	48px	48px

3. Android 系统的文字规范

Android中文规范字体是思源黑体，包括7种字重；英文规范字体是Roboto，包括6种字重。图5-6、图5-7所示分别为中英文不同字重的文字效果。

图 5-6

图 5-7

Android系统中字号的单位为sp。以720×1280px为基准，其常见字号大小为24px、26px、28px、30px、32px、34px、36px等，最小字号为20px。表5-6所示为720×1280px尺寸下的常见字号。

表5-6

信息层级	字重	字号	行距	字间距
应用程序	Medium	20sp		
按钮	Medium	15sp		10
头条	Regular	24sp	34dp	0
标题	Medium	21sp		5
副标题	Regular	17sp	30dp	10
正文一	Regular	15sp	23dp	10

UI设计基础与应用标准教程（全彩微课版）

信息层级	字重	字号	行距	字间距
正文二	Bold	15sp	26dp	10
标题	Regular	13sp		20

5.2 App界面常见类型

　　界面设计在极大程度上影响着产品的用户体验，App中常用的界面类型包括闪屏页、引导页、首页、注册登录页等。

5.2.1 闪屏页

　　闪屏页又称启动页，是App给用户的第一印象，其出现时间很短，这就需要设计师在设计时综合考虑，设计出定位明确、具有吸引力的闪屏页，以加深用户对产品的认知。闪屏页可以分为品牌宣传型、节假日关怀型和活动推广型三种类型。

- **品牌宣传型：** 该类型闪屏页的主要目的是体现产品的品牌特点，其内容一般为"产品名称+产品形象+产品广告语"，设计较为精简，如图5-8所示。
- **节假日关怀型：** 该类型闪屏页的主要目的是通过营造节假日氛围体现人文关怀，加强与用户的情感交流，同时加深品牌印象，其内容一般为"产品logo+内容插画"，如图5-9所示。
- **活动推广型：** 该类型闪屏页的展示重点为活动主题及时间节点，其主要目的是推广一些活动或广告，氛围热烈隆重，多以插画形式表现，如图5-10所示。

图 5-8

图 5-9

图 5-10

▍5.2.2 引导页

引导页是用户安装或更新后第一次打开App时看到的组图，一般为3～5页，其作用是辅助用户在使用App之前快速了解App的主要功能和特点。引导页一般可以分为功能介绍型、情感带入型和搞笑幽默型三种。

- **功能介绍型：** 该类型引导页最为基础，多用于展示产品的新功能，其内容简洁明了，方便用户在较短的时间内了解足够多的信息。
- **情感带入型：** 该类型引导页较为生动形象，主要通过文案和配图把用户需求通过某种形式表现出来，引导用户产生情感共鸣，增强产品的预热效果。
- **搞笑幽默型：** 该类型引导页更具吸引力，制作难度也更高。其主要是通过拟人化和交互化的表达方式，让用户身临其境，从而延长用户在页面中停留的时间。

图5-11～图5-13所示为WPS Office引导页。

图 5-11

图 5-12

图 5-13

▍**注意事项** ┃功能介绍型引导页分类┃

功能介绍型引导页又可分为带按钮和不带按钮两种，社交类的产品一般为带按钮型，以强制引导用户登录。

引导页中还有一类较为特殊的类型——浮层引导页，如图5-14～图5-16所示。它主要以手绘指引的表现方式出现在功能操作提示中，方便用户在使用过程中更好地解决问题。

图 5-14   图 5-15   图 5-16

5.2.3　注册登录页

注册登录页是大部分具有社交需要的App的必需页面，其作用是建立和登录个人账号，以标识用户身份，绑定用户数据。注册登录页页面设计一般简洁直观，方便用户注册登录，如图5-17、图5-18所示。

图 5-17   图 5-18

App中的注册登录页一般可以分为强制和非强制两种类型。强制类必须注册登录后才可使用App；非强制类可以直接使用浅层功能，在需要使用某些深入功能时，可以根据个人需求选择是否注册登录。

动手练 制作食味App登录注册页

在了解注册登录页的相关知识后，下面练习通过MasterGo网页制作食味App的登录注册页。具体的操作步骤如下。

步骤 01 打开MasterGo网页，新建文件。单击"容器"按钮▣，在右侧"默认容器尺寸"列表中选择Android，创建Android界面，如图5-19所示。

步骤 02 选择矩形工具，绘制一个360×24px、颜色为#D9CFAB的矩形，如图5-20所示。

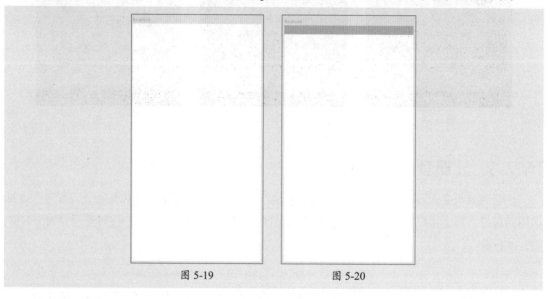

图 5-19　　　　　　　　图 5-20

步骤 03 使用文本工具输入文字，在右侧设置文字参数，如图5-21所示。

步骤 04 设置完成后的效果如图5-22所示。

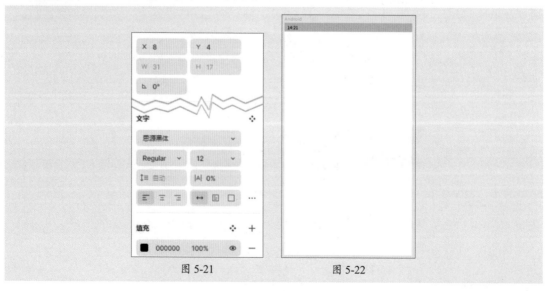

图 5-21　　　　　　　　图 5-22

步骤 05 选择左侧"组件"选项卡中的bar-chart图标，拖曳至容器中，在右侧设置参数，如图5-23所示。

步骤 06 设置完成后的效果如图5-24所示。

步骤 07 使用相同的方法添加WiFi图标和battery图标，并调整大小与位置，效果如图5-25所示。

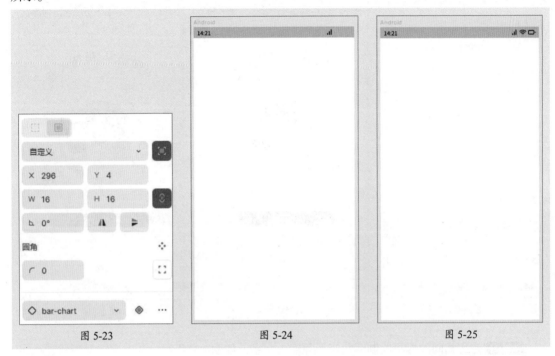

图 5-23　　　　　　　　　　图 5-24　　　　　　　　　　图 5-25

步骤 08 按Shift+Ctrl+K组合键导入本章素材文件，在右侧设置参数，如图5-26所示。完成后的效果如图5-27所示。

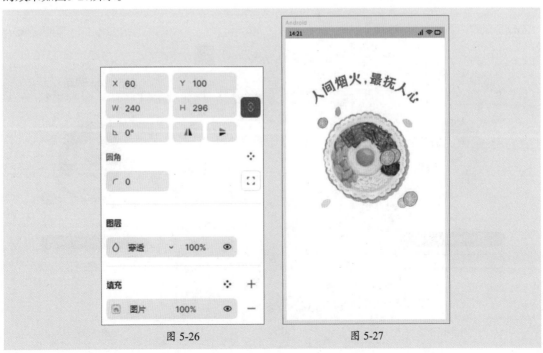

图 5-26　　　　　　　　　　图 5-27

步骤 09 选择矩形工具，绘制一个矩形，在右侧设置参数，如图5-28所示。效果如图5-29所示。

步骤 10 使用文字工具在矩形上输入文字，字号设置为14，颜色设置为白色，效果如图5-30所示。

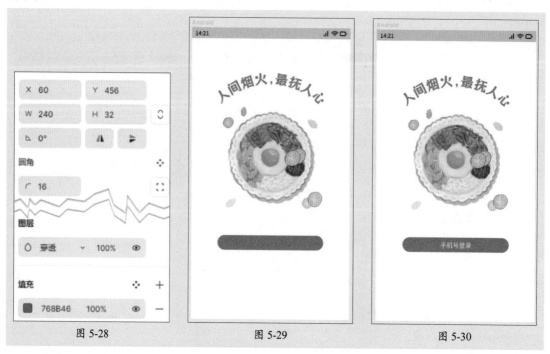

| 图 5-28 | 图 5-29 | 图 5-30 |

步骤 11 使用相同的方法绘制圆角矩形并输入文字，如图5-31所示。

步骤 12 使用矩形工具在圆角矩形下方绘制一个10×10大小的矩形，设置填充为无，描边粗细为2，如图5-32所示。设置完成后的效果如图5-33所示。

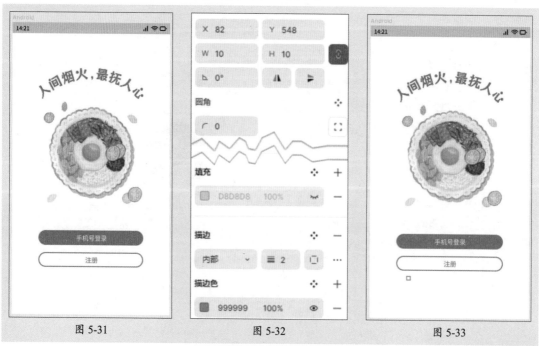

| 图 5-31 | 图 5-32 | 图 5-33 |

步骤 13 使用文字工具在矩形右侧输入文字，字号设置为10，颜色设置为#999999和#0000FF，效果如图5-34所示。

步骤 14 使用文字工具继续输入文字，字号设置为12，颜色设置为#999999，效果如图5-35所示。

步骤 15 在文字之间绘制一条直线段，如图5-36所示。

| 图 5-34 | 图 5-35 | 图 5-36 |

至此，食味App的登录注册页制作完成。

5.2.4 空白页

空白页是指没有内容的页面，一般分为网络或软件错误导致的无内容和首次进入造成的无内容两种类型。下面对这两种类型进行介绍。

- **首次进入型**：在用户初次打开应用时，App会通过空白页提示引导用户操作，以帮助用户适应App，如图5-37所示。
- **错误提示型**：该类型空白页多出现于网络数据错误或软件错误的情况下，此时App会引导用户进行实质性的操作来解决问题，如图5-38所示。

图 5-37

图 5-38

5.2.5 首页

首页又称起始页，是用户使用App的第一页，在设计时需要根据App类型选择适合产品的首页布局方式。常用的首页类型包括列表型、图标型、卡片型和综合型四种。

- **列表型：** 该类型首页可以在页面中分类展示同级别的模块，模块由标题文字和图像或图标组成，方便用户浏览点击，如图5-39所示。
- **图标型：** 该类型首页通过图标展示重要功能，图标在页面中以统一矩形模块的设计形式出现，刺激用户点击，如图5-40所示。
- **卡片型：** 该类型首页可以将分类中的按钮和信息紧密联系在一起，不仅让用户一目了然，还可以加强用户对内容的点击欲，多用于操作按钮、头像和文字等信息比较复杂的情况。
- **综合型：** 该类型首页设计形式丰富，多块内容在页面中清晰易读，便于用户点击。在设计时一般以较淡的分隔线和背景色来区分模块，如图5-41所示。

图 5-39

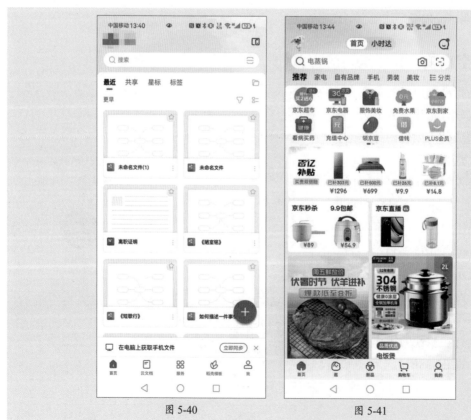

图 5-40　　　　　　　　　图 5-41

UI设计基础与应用标准教程（全彩微课版）

5.2.6 个人中心页

个人中心页是展示个人信息的页面，通常设计在底部菜单栏的最右侧，或以抽屉打开的形式出现在页面左侧，如图5-42、图5-43所示。

图 5-42

图 5-43

知识点拨

其他常见页面

除了以上常用页面外，App界面中还包括详情页、列表页、播放页、设置页等页面，在设计时应根据App类型进行增减。

动手练 制作食味App个人中心页

在讲解了个人中心页的相关知识后，下面讲解通过MasterGo网页制作食味App个人中心页。具体的操作步骤如下。

步骤 01 打开MasterGo网页，新建文件。单击"容器"按钮，在右侧"默认容器尺寸"列表中选择Android，创建Android界面，复制状态栏中的内容至新文件中，如图5-44所示。

步骤 02 调整矩形大小与容器一致，并设置颜色为#F7F7F7，效果如图5-45所示。

步骤 03 使用矩形工具绘制一个360×176大小的矩形，设置线性渐变，不透明度为80%，效果如图5-46所示。

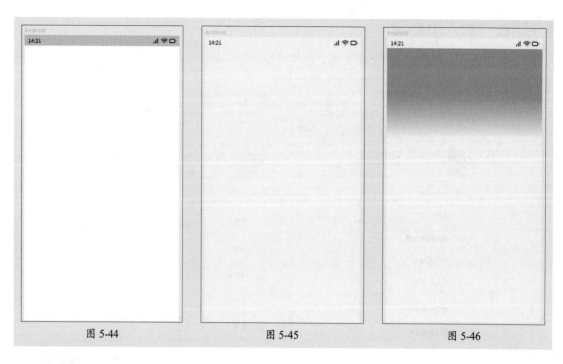

图 5-44 图 5-45 图 5-46

步骤 **04** 导入图片，并设置不透明度为20%，效果如图5-47所示。

步骤 **05** 使用矩形工具绘制一个328×40大小的矩形，圆角设置为4，颜色为白色，与图像在Y方向上的距离为12，效果如图5-48所示。

步骤 **06** 使用相同的方法绘制矩形，设置间距分别为12和4，效果如图5-49所示。

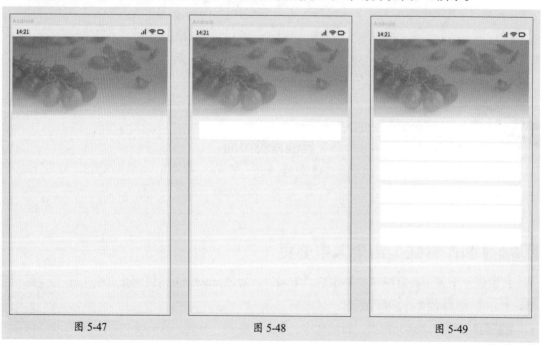

图 5-47 图 5-48 图 5-49

步骤 **07** 在容器底部绘制一个360×56大小的矩形，如图5-50所示。

步骤 **08** 在左侧"组件"选项卡中搜索arrow-go-back-fill图标和menu图标，拖曳至容器中，设置其边距为16，Y值为32，填充为白色，效果如图5-51所示。

步骤 09 按Shift+Ctrl+K组合键导入本章素材文件，调整至合适位置，如图5-52所示。

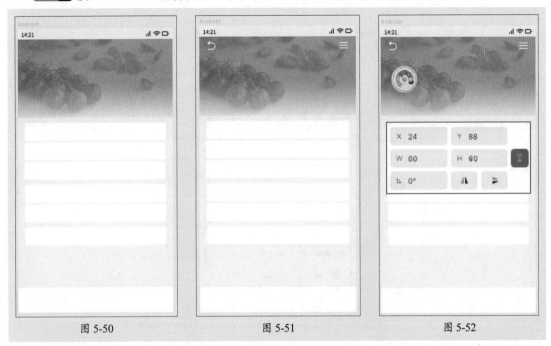

图 5-50　　　　　　　　　　图 5-51　　　　　　　　　　图 5-52

步骤 10 使用文字工具输入文字，在右侧设置参数，如图5-53所示。效果如图5-54所示。

步骤 11 使用相同的方法继续输入文字，设置字重为Regular，字号为12，效果如图5-55所示。

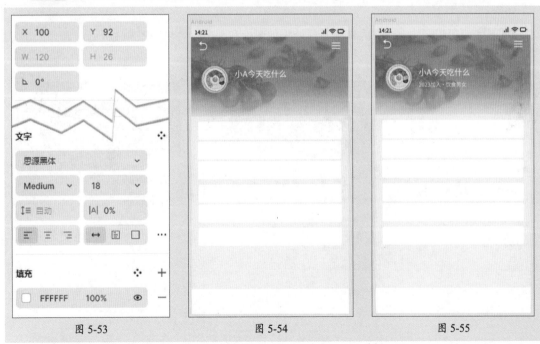

图 5-53　　　　　　　　　　图 5-54　　　　　　　　　　图 5-55

步骤 12 在左侧"资源库"选项卡中搜索qr-code-fill图标，拖曳至容器中，在右侧设置参数，效果如图5-56所示。

步骤 13 从左侧"资源库"选项卡中搜索restaurant-fill图标，拖曳至容器中，在右侧设置参数，效果如图5-57所示。

步骤 14 使用相同的方法添加"组件"和"资源库"选项卡中的图标，并设置参数，效果如图5-58所示。

图 5-56　　　　　　　　　图 5-57　　　　　　　　　图 5-58

步骤 15 使用文字工具在图标右侧依次输入文字，在右侧设置参数，如图5-59所示。效果如图5-60所示。

步骤 16 使用相同的方法在底部标签栏处添加图标和文字，效果如图5-61所示。

图 5-59　　　　　　　　　图 5-60　　　　　　　　　图 5-61

至此，食味App的个人中心页制作完成。

实战演练：制作旅行客App常用页面

　　界面是App的重要组成部分，不同类型的App常用界面也有所不同，本案例将练习使用 Photoshop制作旅行客App的部分常用页面，如闪屏页、注册登录页、首页等。具体的操作步骤 如下。

1. 制作闪屏页

　　步骤 01 打开Photoshop软件，新建一个720×1280px大小的文件，如图5-62所示。

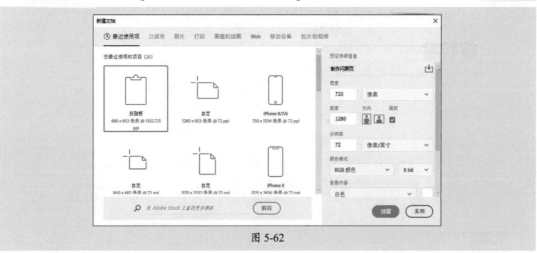

图 5-62

　　步骤 02 执行"视图"｜"新建参考线"命令，打开"新建参考线"对话框，设置参数，如 图5-63所示。完成后单击"确定"按钮新建参考线。

　　步骤 03 使用相同的方法，在水平方向404px处新建参考线，如图5-64所示。

　　步骤 04 执行"文件"｜"置入嵌入对象"命令，导入本章素材文件，调整至合适位置，如 图5-65所示。

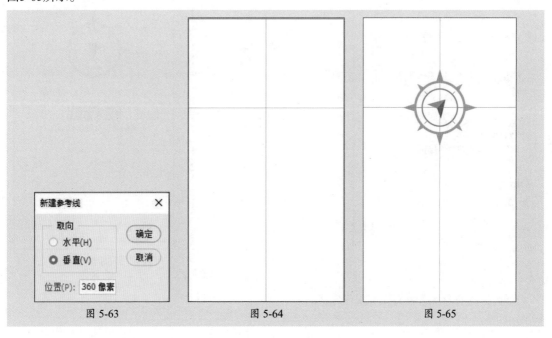

图 5-63　　　　　　　　　　图 5-64　　　　　　　　　　图 5-65

步骤 **05** 在水平方向640px处新建参考线。使用文字工具输入文字，如图5-66所示。

步骤 **06** 在"属性"面板中设置文字参数，如图5-67所示。效果如图5-68所示。

UI设计基础与应用标准教程（全彩微课版）

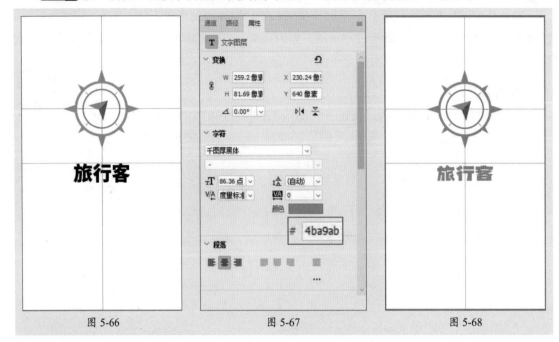

| 图 5-66 | 图 5-67 | 图 5-68 |

步骤 **07** 使用相同的方法继续输入文字，在"属性"面板中设置参数，如图5-69所示。效果如图5-70所示。

步骤 **08** 使用相同的方法继续输入文字，在"属性"面板中设置字体大小为24点，颜色分别为灰色（#999999）和橙色（#F7A32D），效果如图5-71所示。

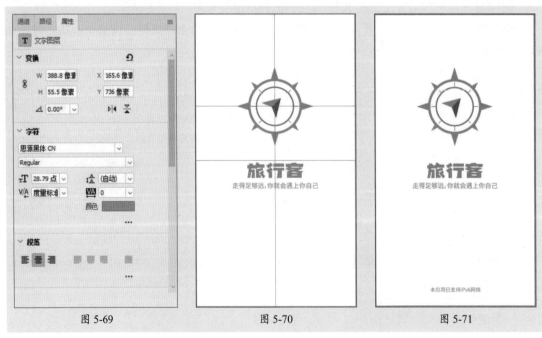

| 图 5-69 | 图 5-70 | 图 5-71 |

至此，旅行客App的闪屏页制作完成。

2. 制作注册登录页

步骤 01 打开Photoshop软件，新建一个720×1280px大小的文件。执行"视图" | "新建参考线"命令，在水平方向48px、144px、1208px及垂直方向30px、360px、690px处新建参考线，如图5-72所示。

步骤 02 执行"文件" | "置入嵌入对象"命令，导入本章素材文件，并设置其不透明度为80%，效果如图5-73所示。

步骤 03 使用相同的方法导入本章素材文件，如图5-74所示。

图 5-72   图 5-73   图 5-74

步骤 04 选择自定义形状工具绘制箭头，设置其填充为#4BA9AB，按Ctrl+T组合键水平翻转，效果如图5-75所示。

步骤 05 使用文字工具输入文字，在"属性"面板中设置参数，如图5-76所示。效果如图5-77所示。

图 5-75   图 5-76   图 5-77

步骤 06 使用相同的方法继续输入文字，如图5-78所示。

步骤 07 使用矩形工具绘制矩形，在"属性"面板中设置参数，如图5-79所示。效果如图5-80所示。

图 5-78　　　　　　　　　　图 5-79　　　　　　　　　　图 5-80

步骤 08 使用相同的方法绘制矩形，并设置其填充为白色，效果如图5-81所示。

步骤 09 使用文字工具在矩形中输入文字，如图5-82所示。

步骤 10 使用相同的方法继续输入文字，如图5-83所示。

图 5-81　　　　　　　　　　图 5-82　　　　　　　　　　图 5-83

步骤 11 使用矩形工具在新输入的文字之间绘制矩形，如图5-84所示。

步骤 12 继续输入文字，效果如图5-85所示。

步骤 13 使用三角形工具、椭圆工具、矩形工具，在底部绘制填充为无、描边粗细为2px、圆角为2px的三角形、圆形及矩形，如图5-86所示。

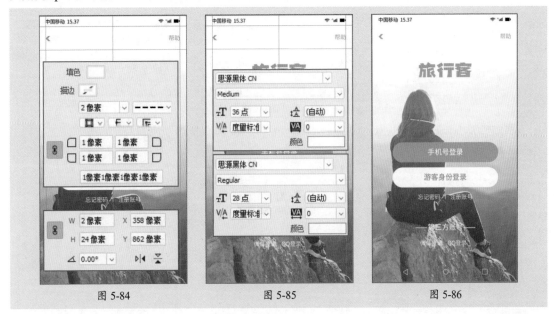

| 图 5-84 | 图 5-85 | 图 5-86 |

至此，旅行客App的注册登录页制作完成。

3. 制作首页

步骤 01 打开Photoshop软件，新建一个720×1280px大小的文件。执行"视图"|"新建参考线"命令，在水平方向48px、144px、1112px、1208px及垂直方向30px、360px、690px处新建参考线,并导入本章素材文件，设置其不透明度为30%，效果如图5-87所示。

步骤 02 使用矩形工具绘制一个720×168px大小的矩形，设置其填充为白色，描边为无，如图5-88所示。

步骤 03 导入本章素材文件，并调整至合适位置，如图5-89所示。

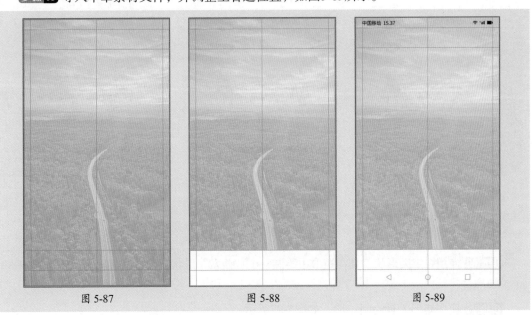

| 图 5-87 | 图 5-88 | 图 5-89 |

步骤 04 使用文字工具输入文字，在"属性"面板中设置参数，如图5-90、图5-91所示。效果如图5-92所示。

图 5-90   图 5-91   图 5-92

步骤 05 使用椭圆工具绘制椭圆，如图5-93所示。

步骤 06 使用矩形工具绘制矩形，在"属性"面板中设置参数，如图5-94所示。效果如图5-95所示。

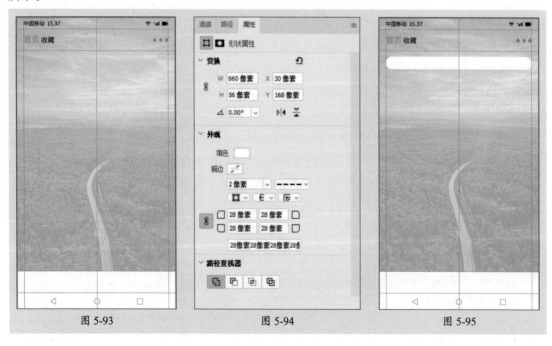

图 5-93   图 5-94   图 5-95

步骤 07 使用自定义形状工具在矩形中绘制一个"搜索"形状，设置其填充为灰色（#999999），如图5-96所示。

步骤 08 使用矩形工具绘制矩形，如图5-97所示。

步骤 09 导入本章素材文件，如图5-98所示。

图 5-96

图 5-97

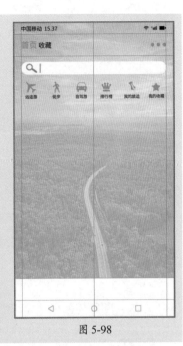
图 5-98

步骤 10 使用矩形工具绘制一个660×362px、圆角为16px的矩形，如图5-99所示。

步骤 11 导入本章素材文件，如图5-100所示。

步骤 12 选中素材文件，按Alt+Ctrl+G组合键创建剪贴蒙版，效果如图5-101所示。

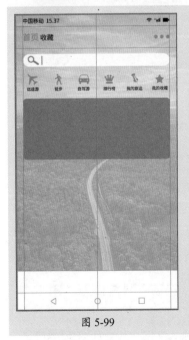
图 5-99

图 5-100

图 5-101

步骤 13 使用文字工具输入文字，如图5-102所示。

步骤 14 使用相同的方法输入文字，如图5-103所示。

步骤 15 使用矩形工具绘制一个318×228px、圆角为8px的圆角矩形，如图5-104所示。

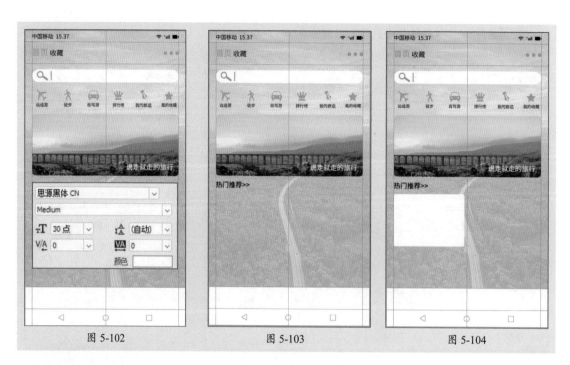

| 图 5-102 | 图 5-103 | 图 5-104 |

步骤16 导入本章素材文件并调整至合适位置，创建剪贴蒙版，效果如图5-105所示。

步骤17 在矩形下方输入文字，如图5-106所示。

步骤18 使用相同的方法继续输入文字，如图5-107所示。

| 图 5-105 | 图 5-106 | 图 5-107 |

步骤19 使用相同的方法，绘制圆角矩形并添加素材图像，输入文字，效果如图5-108所示。

步骤20 导入本章素材文件，如图5-109所示。

图 5-108   图 5-109

至此，旅行客App的首页制作完成。

新手答疑

1. Q: px、pt、dp、sp 等单位都是什么意思？如何换算？

A: px、pt、dp、sp等单位介绍如下。

- px全称为pixel，中文名称为像素，是设计的最小单位，像素没有固定的物理长度，是按照像素格计算的单位，即设备的实际像素。
- pt全称为point，中文名称为点，在印刷行业中，pt是绝对长度单位，1pt=1/72in=0.35mm；在iOS系统中，pt是iOS系统中的最小开发单位，不随屏幕像素密度ppi变化而变化，苹果公司规定：普屏的1pt=1px，而普屏的ppi=163px/in，即1pt=1/163in=0.16mm。
- dp全称为Density-independent pixel，是Android系统中的最小开发单位，等同于iOS系统中的pt，dp与px的转换公式为dp×ppi/160=px，即mdpi条件下，1dp=1px；xhdpi条件下，1dp=2px。
- sp（scale-independent pixel）是Android系统中的字体单位，当屏幕像素密度为160ppi，且字体大小为100%时，1sp=1dp=1px。

2. Q: App 界面一般包括哪些部分？

A: App界面中一般包括以下几部分。

- **状态栏：** 位于界面最上方，主要用于显示当前时间、网络状态、电池电量、运营商等信息。
- **导航栏：** 位于状态栏下方，主要用于显示当前页面标题及功能图标。
- **标签栏：** 通常位于界面底部，也有少部分标签栏位于状态栏之下、导航栏之上，标签栏主要包括App的几大主要板块，通常由3～5个图标及文字组成。
- **搜索栏：** 用于搜索内容，一般位于导航栏上方或下方。
- **内容区：** 通常包括banner图、金刚区、胶囊banner、海报、悬浮按钮、临时视图等内容，具体根据App功能而定。

3. Q: 什么是金刚区？

A: 金刚区是页面的核心导航区域，位于顶部或banner下方，通常以"图标+文字"的宫格导航形式出现，占屏幕大小的22%～25%，随着产品目标的调整，金刚区内容也会随之变化，较为灵活。

4. Q: 什么是网格系统？

A: 网格系统又称栅格系统，是利用一系列水平和垂直的参考线将页面分割为规律的网格，再以这些网格为基准进行页面布局设计，通过该系统可以使界面整洁规范。

网格系统包括列、水槽和边距3个元素，其中列是内容放置的区域，常见列数包括4列、6列、8列、12列等；水槽是列与列之间的距离，用于分离内容，其数值一般为8px的倍数，如24px、32px、40px等；边距是内容与屏幕左右边缘之间的距离，常用数值为20px、24px、30px、32px、40px、50px等。

第6章
网页界面设计

网页界面设计相比于App界面设计具有更加丰富的内容。本章将对网页界面设计的相关知识进行介绍，包括网页尺寸、结构、布局、字体等设计规范；首页、栏目页、详情页等常用网页等。

6.1 网页界面设计规范

网页界面设计是根据企业需求策划网站功能，然后综合用户体验美化页面设计的工作，在设计时设计师要遵循尺寸、结构、字体等设计规范，以设计出适配的网页界面，如图6-1所示。

图 6-1

6.1.1 网页尺寸规范

网页尺寸取决于屏幕尺寸，为了适配大多数屏幕，设计网页时一般以1920×1080px为基准进行设计，其中高度可以根据网页要求设定。表6-1所示为网页常用尺寸。

表6-1

分类	宽度（px）	高度（px）
常见尺寸	1366	768
大尺寸	1920	1080
中尺寸	1440	900
小尺寸	1280	800
最小尺寸	1024	768
MacBook Pro 13（Retina）	2560	1600
MacBook Pro 15（Retina）	2880	1800
iMac 27	2560	1440
台式机高清设计	1440	1024

在设计网页时，除了网页尺寸外，还应关注内容安全区域，其作用是确保网页在不同计算机的分辨率下都可以正常显示。以宽度为1920px的网页为例，其安全宽度一般为1200px，首屏高度建议为710px，安全高度一般为580px，如图6-2所示。

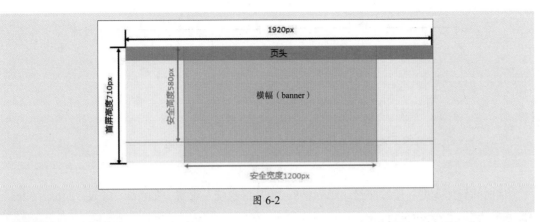

图 6-2

注意事项 | **首屏高度** |

首屏是打开浏览器时在不滚动屏幕的情况下第一眼看到的画面，首屏高度不包括浏览器菜单栏及状态栏的高度。

6.1.2 网页界面结构规范

网页界面主要由页头区、内容区和页脚区组成，如图6-3所示。其中页头区位于网页的顶部，包含网站的标志、网站名称、链接图标和导航栏等内容；内容区包含横幅（banner）和内容相关的信息；页脚区位于网页底部，包含版权信息、法律声明、网站备案信息、联系方式等内容。

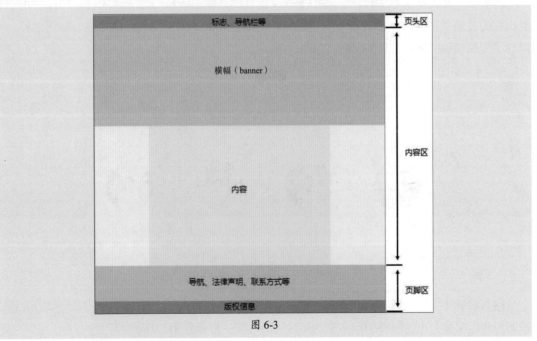

图 6-3

6.1.3 网页界面布局规范

在布局网页时，可以通过栅格将内容划分为12格或24格，同时在栅格间增加固定的间距，以分离内容，如图6-4所示。其中12格适用于业务信息分组较少的中后台界面设计；24格适用于信息量大且信息分组较多的中后台界面设计。

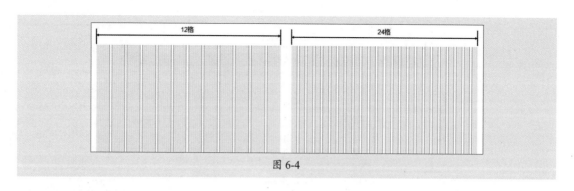

图 6-4

横向间距的宽度一般按照最小单元格8px及其倍数统一设置，如8px、16px、24px、32px、40px等，其中最常用的是24px。

> **注意事项** | 网格列数 |
>
> 设计网页界面时，用户也可以根据网页功能，选择合适的列数，如单列、双列、多列等，其中单列适用于简洁图文排版的全屏网页；双列适用于博客、产品列表等网页；多列适用于图像网页。

6.1.4 网页界面字体规范

网页字体需要具备可识别性和易读性两个特点，中文一般使用微软雅黑、宋体和苹方字体，英文和数字一般使用Helvetica、Arial、Georgia、Times New Roman等。

网页中中文最小字号为12px，适用于非突出性的日期、版权等注释性内容；14px适用于非突出性的普通正文内容；16px、18px、20px、26px及30px适用于突出性的导航、标题内容。不同的字号和字重决定了信息的层次，如图6-5所示。

图 6-5

网页设计中字间距除特殊情况外，都使用默认间距，行间距以字体大小的1.5～2倍为佳；段间距则以字体大小的2～2.5倍。"避头尾设置"选项一般设置为"JIS严格"。

动手练 制作花间集网站首页 ——————————————●

了解网页界面设计规范后，下面将练习制作花间集网站首页，具体的操作步骤如下。

步骤 01 新建一个1920×3600px大小的Photoshop文档，如图6-6所示。

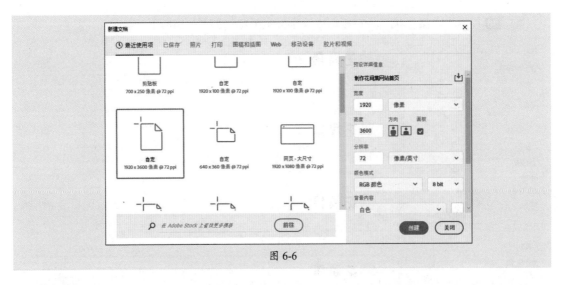

图 6-6

步骤 02 执行"视图"|"新建参考线版面"命令,在打开的"新建参考线版面"对话框中设置参数,如图6-7所示。完成后单击"确定"按钮,即可新建参考线版面。

步骤 03 执行"视图"|"新建参考线"命令,在打开的"新建参考线"对话框中设置参数,如图6-8所示。完成后单击"确定"按钮,即可新建参考线。

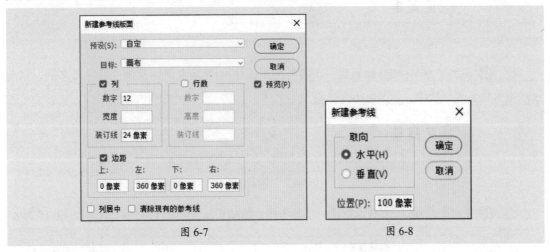

图 6-7   图 6-8

步骤 04 执行"文件"|"置入嵌入对象"命令,导入本章素材文件,调整大小与位置,如图6-9所示。

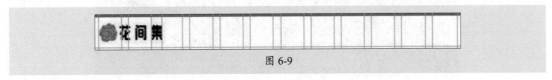

图 6-9

步骤 05 选择文字工具,在画板中单击并输入文字,在"属性"面板中设置参数,如图6-10所示。效果如图6-11所示。

步骤 06 按住Alt键拖曳鼠标复制输入的文字,双击进入编辑状态,修改文字,如图6-12所示。

步骤 07 选择矩形工具,绘制一个280×32px大小的矩形,设置填充为无,描边为2px,圆角为8px,效果如图6-13所示。

117

步骤 08 使用自定义形状工具在矩形内绘制搜索形状，如图6-14所示。

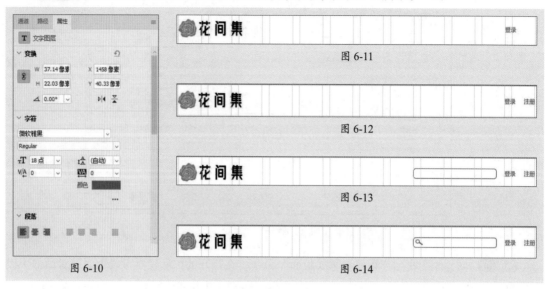

图 6-10

图 6-11

图 6-12

图 6-13

图 6-14

步骤 09 在搜索形状右侧输入文字，如图6-15所示。

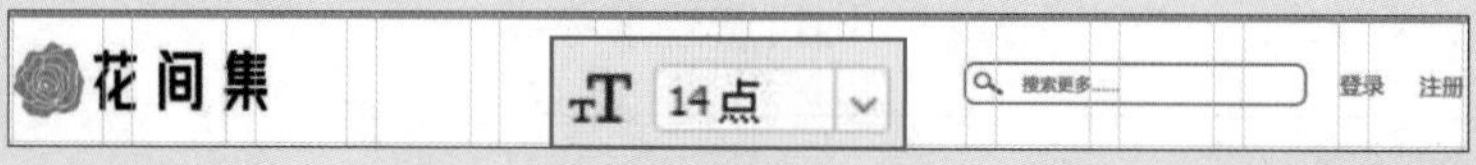

图 6-15

步骤 10 在水平方向140px处新建一个参考线，按住Alt键拖曳鼠标复制"登录"文字，双击进入编辑状态进行修改，如图6-16所示。

图 6-16

步骤 11 在水平方向710像素处新建一个参考线，使用矩形工具绘制矩形，效果如图6-17所示。

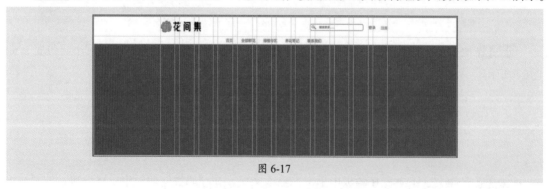

图 6-17

步骤 12 执行"文件"|"置入嵌入对象"命令，导入本章素材文件，按Ctrl+Alt+G组合键创建剪贴蒙版，效果如图6-18所示。

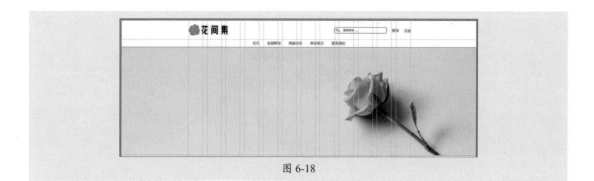

图 6-18

步骤 13 使用文字工具输入文字，如图6-19所示。

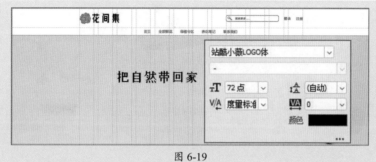

图 6-19

步骤 14 使用矩形工具绘制一个436×40px大小的矩形，设置描边为2px，效果如图6-20所示。

图 6-20

步骤 15 在矩形内输入文字，如图6-21所示。

图 6-21

步骤 16 使用椭圆工具绘制正圆，按住Alt键拖曳鼠标进行复制，并修改其中一个正圆的颜色，效果如图6-22所示。

图 6-22

步骤 17 使用文字工具输入文字，如图6-23所示。

图 6-23

步骤 18 使用矩形工具绘制矩形，设置圆角为24px，效果如图6-24所示。

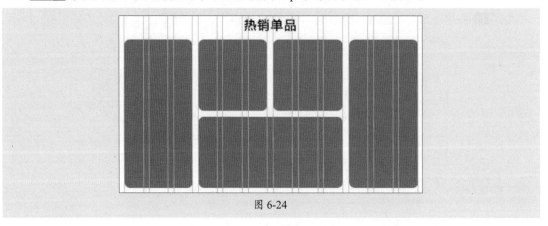

图 6-24

步骤 19 导入本章素材文件并创建剪贴蒙版，如图6-25所示。

图 6-25

步骤20 复制矩形，并设置黑色至白色透明的渐变，如图6-26所示。

图 6-26

步骤21 在渐变矩形上输入白色文字，如图6-27所示。

图 6-27

步骤22 选择"热销单品"文字，按住Alt键向下拖曳鼠标进行复制，并修改内容，如图6-28所示。

图 6-28

步骤 23 使用矩形工具绘制矩形，并为部分矩形填充颜色，如图6-29所示。

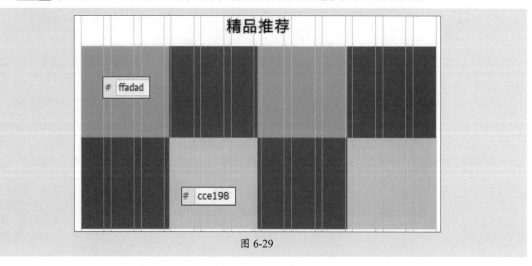

图 6-29

步骤 24 导入本章素材文件，并创建剪贴蒙版，如图6-30所示。

图 6-30

步骤 25 在彩色矩形上输入文字，如图6-31所示。

图 6-31

步骤 26 使用矩形工具绘制矩形，如图6-32所示。

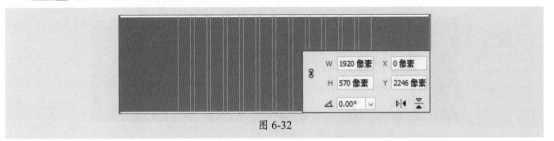

图 6-32

步骤 27 导入本章素材文件并创建剪贴蒙版，效果如图6-33所示。

图 6-33

步骤 28 选择"热销单品"文字，按住Alt键向下拖曳鼠标进行复制，并修改内容，如图6-34所示。

图 6-34

步骤 29 使用矩形工具绘制矩形，设置其填充为#966262，如图6-35所示。

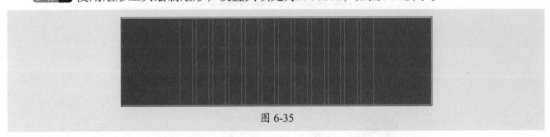

图 6-35

步骤 30 使用文字工具输入文字，如图6-36所示。

图 6-36

步骤 31 使用直线工具绘制直线段，如图6-37所示。

图 6-37

步骤 32 在直线下方输入文字，如图6-38所示。

图 6-38

至此，花间集网站的首页制作完成，如图6-39所示。

图 6-39

一个完整的网站中包含多个网页，从内容上可将其分为首页、栏目页、详情页和专题页。本节将对网页常用界面类型进行说明。

6.2.1 首页

首页是打开一个网站后看到的第一幅页面，是用户了解网站的第一步，承担了网站品牌形象宣传及信息传递的核心任务。首页中一般包括企业标志、用户登录注册入口、公司信息、产品介绍信息等内容，在设计时应贴合企业文化，直观生动地传递品牌形象。图6-40、图6-41所示为不同类型网站的首页。

图 6-40   图 6-41

6.2.2 栏目页

栏目页是网站首页到具体内容页之间的过渡页面，一般根据网站的整体结构及发布信息的类别分类而设立，如图6-42、图6-43所示。

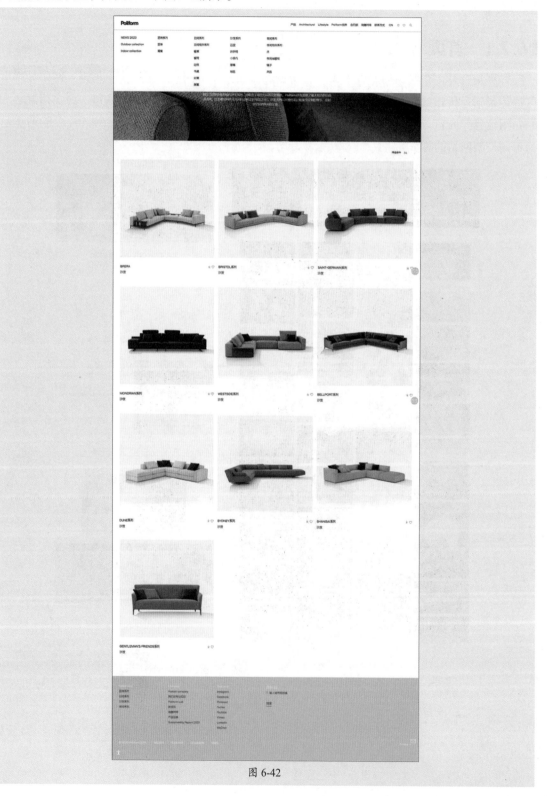

图 6-42

栏目页主要包括栏目封面、图文结合和文字列表三种形式，作用如下。

- **栏目封面**：类似于首页，经过特殊设计的一种栏目形式。
- **图文结合**：多用于一般的产品列表页面。
- **文字列表**：文字性的列表链接，多用于新闻中心等资讯类型的栏目。

图 6-43

6.2.3 详情页

详情页是产品信息的主要承载页面，一般是具体的产品页面或具体内容，如图6-44、图6-45所示。详情页对信息效率和优先级有一定的要求，在设计时，应结合主页风格清晰合理地布局页面。

图 6-44　　　　　图 6-45

动手练 **制作花间集网站详情页**

学习网页常用界面类型后，下面练习制作花间集网站详情页。具体的操作步骤如下。

步骤 01 新建一个1920×2860px大小的Photoshop文档，如图6-46所示。

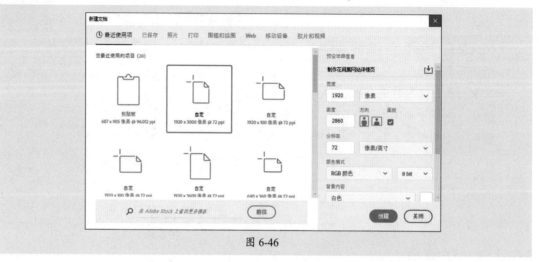

图 6-46

步骤 02 执行"视图"|"新建参考线版面"命令，在打开的"新建参考线版面"对话框中设置参数，如图6-47所示。完成后单击"确定"按钮，即可新建参考线版面。

步骤 03 打开"制作花间集网站首页"文档，选中顶部"首页"文字及之上的内容，在"图层"面板中右击，在弹出的快捷菜单中执行"复制图层"命令，打开"复制图层"对话框设置参数，如图6-48所示。

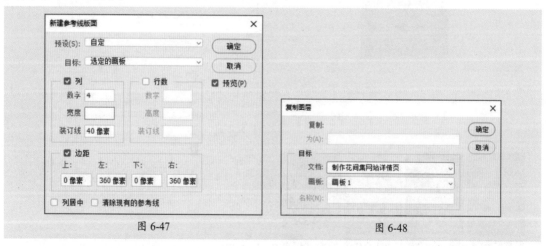

图 6-47   图 6-48

步骤 04 完成后单击"确定"按钮，即可将选中的图层复制至目标图层中，如图6-49所示。

图 6-49

步骤 05 使用自定义形状工具绘制建筑物形状，如图6-50所示。

图 6-50

步骤 06 使用文字工具在图形右侧输入文字，如图6-51所示。

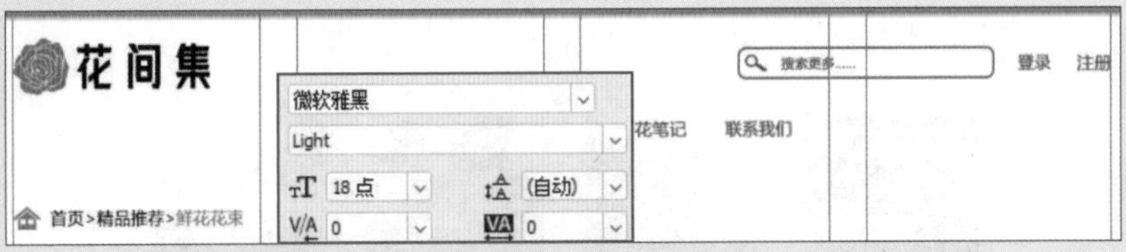

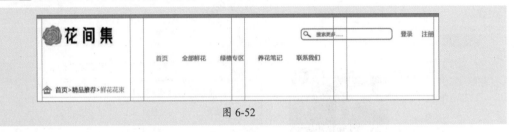

图 6-51

步骤 07 使用直线工具绘制填充色为#999999的直线段，如图6-52所示。

图 6-52

步骤 08 使用矩形工具在直线段下方绘制一个400×540px大小的矩形，如图6-53所示。

步骤 09 导入本章素材文件并建立剪切蒙版，效果如图6-54所示。

步骤 10 使用相同的方法继续绘制矩形，并导入素材创建剪切蒙版，效果如图6-55所示。

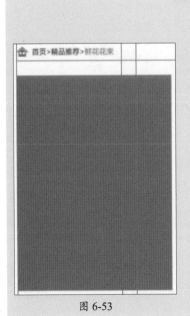

图 6-53

图 6-54

图 6-55

步骤 11 使用矩形工具绘制矩形，设置填充为黑色，不透明度为80%，如图6-56所示。

图 6-56

步骤 12 使用自定义形状工具在矩形上绘制箭头，如图6-57所示。

图 6-57

步骤 13 使用文字工具输入文字，如图6-58所示。

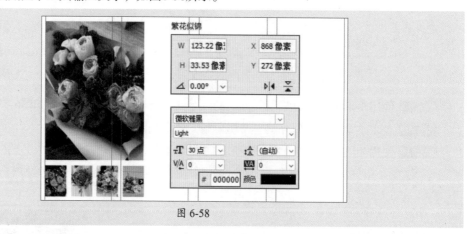

图 6-58

步骤 14 使用相同的方法继续输入文字，如图6-59所示。

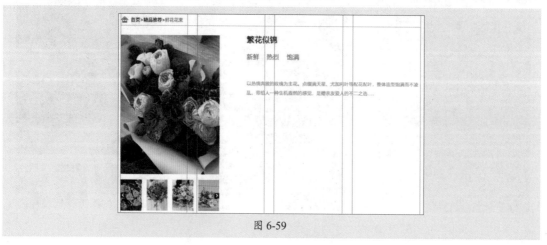

图 6-59

步骤 15 使用直线工具绘制填充为#999999的直线，如图6-60所示。

图 6-60

步骤 16 继续输入文字，并添加形状，完成后效果如图6-61所示。

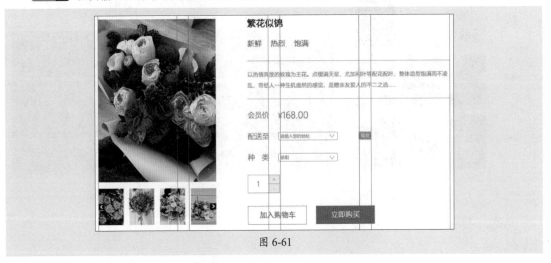

图 6-61

步骤 17 复制"繁花似锦"文字并修改内容，如图6-62所示。

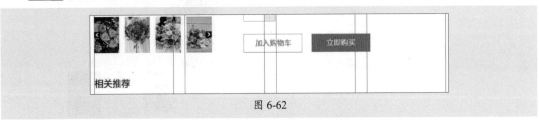

图 6-62

步骤 18 在文字下方使用直线工具绘制直线，如图6-63所示。

相关推荐

图 6-63

步骤 19 在直线下方绘制一个270×362px、圆角为8px的矩形，如图6-64所示。

步骤 20 在红色矩形中输入文字，如图6-65所示。

步骤 21 导入素材文件并创建剪贴蒙版，效果如图6-66所示。

步骤 22 从"制作花间集网站首页"文档中复制页脚区域内容，如图6-67所示。

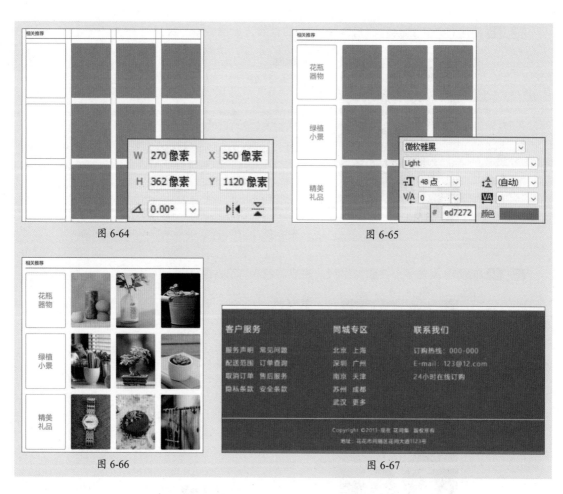

图 6-64

图 6-65

图 6-66

图 6-67

至此，花间集网站的详情页制作完成，如图6-68所示。

图 6-68

6.2.4　专题页

专题页是针对特定主题制作的页面，一般包括网站相应模块和频道所涉及的功能与该主题事件的内容展示，信息丰富且具有较强的视觉效果，如图6-69、图6-70所示。

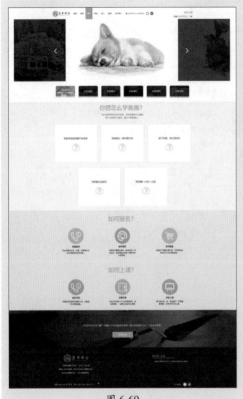

图 6-69

图 6-70

实战演练：制作饮炊美食网站首页

学习本章网页界面设计的相关知识后，下面将练习制作饮炊美食网站首页。具体的操作步骤如下。

步骤 01 新建一个1920×3000px大小的Photoshop文档，如图6-71所示。

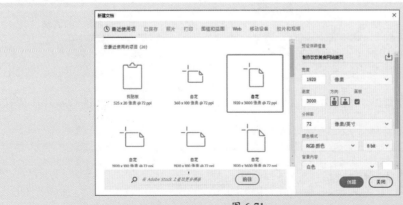

图 6-71

步骤 02 执行"视图"|"新建参考线版面"命令，在打开的"新建参考线版面"对话框中设置参数，如图6-72所示。完成后单击"确定"按钮，即可新建参考线版面。

步骤 03 执行"视图"|"新建参考线"命令，在打开的"新建参考线"对话框中设置参数，如图6-73所示。完成后单击"确定"按钮，即可新建参考线。

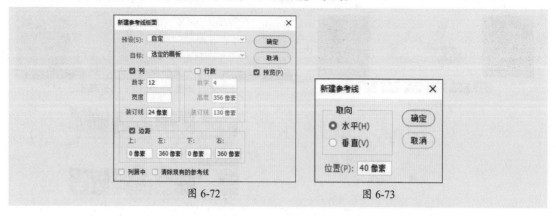

图 6-72　　　　　　　　　　　　　图 6-73

步骤 04 选择文字工具，在画板中单击并输入文字，在"属性"面板中设置参数，如图6-74所示。效果如图6-75所示。

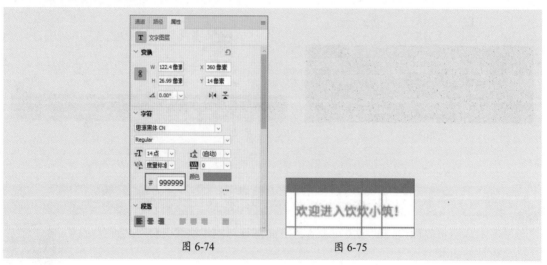

图 6-74　　　　　　　　　　　　　图 6-75

步骤 05 选中输入的文字，按住Alt键拖曳鼠标进行复制，双击进入编辑状态进行修改，效果如图6-76所示。

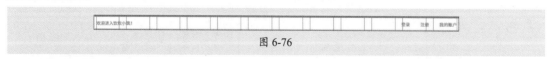

图 6-76

步骤 06 执行"文件"|"置入嵌入对象"命令，导入本章素材文件，并调整至合适位置，如图6-77所示。

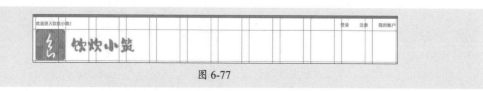

图 6-77

步骤 07 复制"登录"文字,调整大小为16pt,字重为Medium,颜色为#67A745,修改文字内容,效果如图6-78所示。

图 6-78

步骤 08 使用相同的方法复制"登录"文字,调整大小和位置,修改文字内容,效果如图6-79所示。

图 6-79

步骤 09 使用矩形工具绘制一个180×20px、描边为#999999、粗细为2pt的圆角矩形,如图6-80所示。

图 6-80

步骤 10 使用自定义形状工具绘制搜索形状,如图6-81所示。

图 6-81

步骤 11 复制"登录"文字,调整大小为12pt,修改文字内容,如图6-82所示。

图 6-82

步骤 12 在水平方向710px处新建一个参考线,使用矩形工具绘制矩形,如图6-83所示。

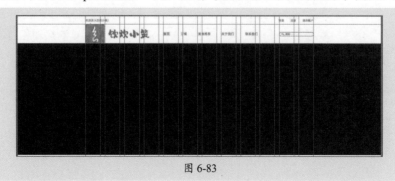

图 6-83

步骤13 导入本章素材文件，按Ctrl+Alt+G组合键创建剪贴蒙版，效果如图6-84所示。

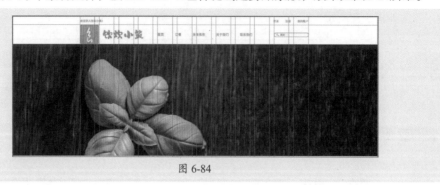

图 6-84

步骤14 使用文字工具在合适位置输入文字，如图6-85所示。

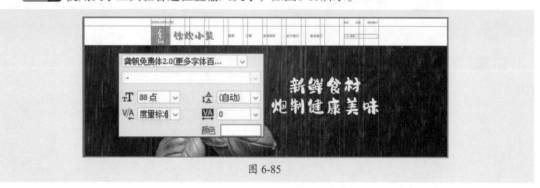

图 6-85

步骤15 使用矩形工具绘制一个280×72px、填充为白色、圆角为36px的圆角矩形，如图6-86所示。

图 6-86

步骤16 在圆角矩形上输入文字，如图6-87所示。

图 6-87

步骤 17 继续使用矩形工具绘制圆角矩形，并复制调整，效果如图6-88所示。

图 6-88

步骤 18 在水平方向1280px处新建参考线。使用文字工具输入文字，如图6-89所示。

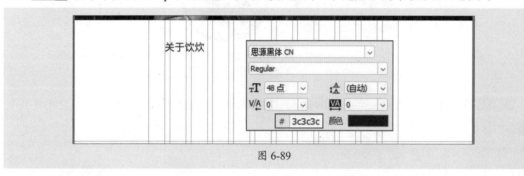

图 6-89

步骤 19 继续输入文字，如图6-90所示。

图 6-90

步骤 20 使用矩形工具绘制一个124×44px、填充为#3C3C3C、圆角为8px的圆角矩形，如图6-91所示。

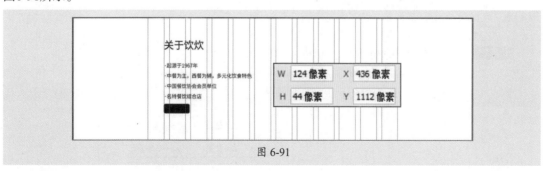

图 6-91

步骤 21 使用文字工具在矩形上输入文字，如图6-92所示。

图 6-92

步骤 22 导入本章素材文件，并调整合适位置与大小，如图6-93所示。

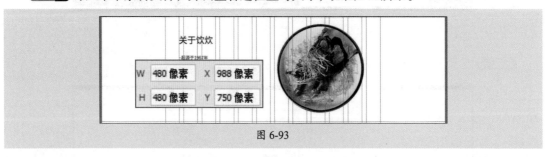

图 6-93

步骤 23 在水平方向1800px处新建参考线。使用矩形工具绘制矩形，设置其填充为#F5F4F7，如图6-94所示。

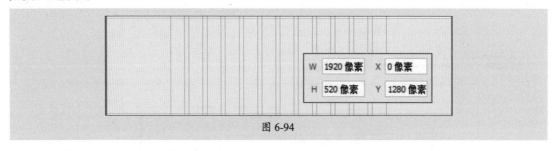

图 6-94

步骤 24 复制"关于饮炊"文字至合适位置，修改文字内容，如图6-95所示。

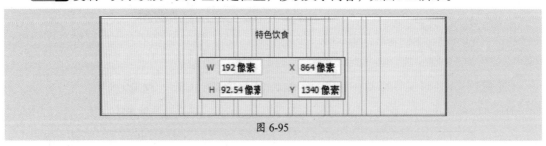

图 6-95

步骤 25 使用椭圆工具绘制圆形，如图6-96所示。

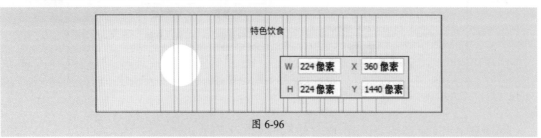

图 6-96

步骤 26 按住Alt键并拖曳鼠标进行复制，如图6-97所示。

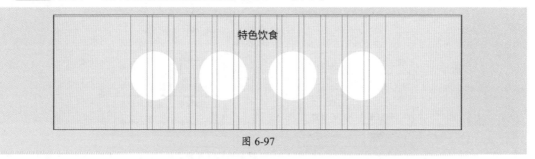

图 6-97

步骤 27 导入素材文件并创建剪贴蒙版，如图6-98所示。

图 6-98

步骤 28 使用文字工具在圆形下方输入文字（字号分别为24pt和18pt），如图6-99所示。

图 6-99

步骤 29 复制文字并修改，如图6-100所示。

图 6-100

步骤 30 在水平方向3600px处新建参考线。复制"特色饮食"文字至合适位置，修改文字内容，如图6-101所示。

质量保障

图 6-101

步骤 31 使用矩形工具绘制矩形，并设置不同的颜色，如图6-102所示。

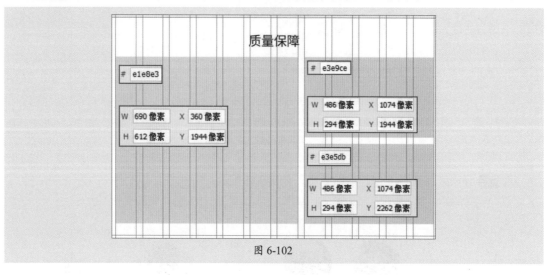

图 6-102

步骤 32 使用文字工具输入文字（字号分别是36pt和30pt），如图6-103所示。

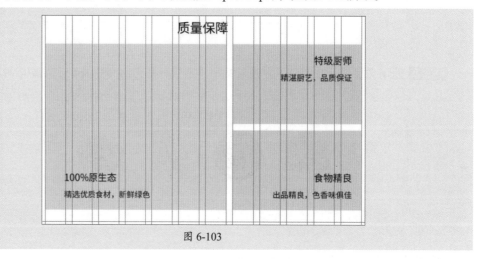

图 6-103

步骤 33 导入本章素材文件，并调整位置与大小，如图6-104所示。

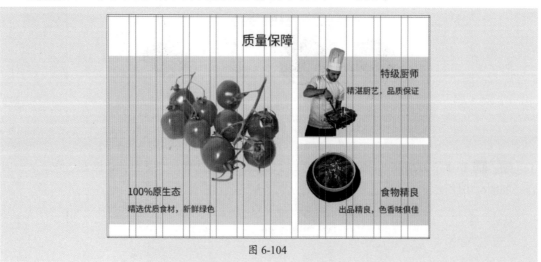

图 6-104

步骤 34 使用矩形工具绘制矩形，如图6-105所示。

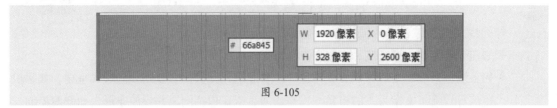

图 6-105

步骤 35 在矩形中输入文字，如图6-106所示。

图 6-106

步骤 36 使用相同的方法绘制矩形并输入文字，如图6-107所示。

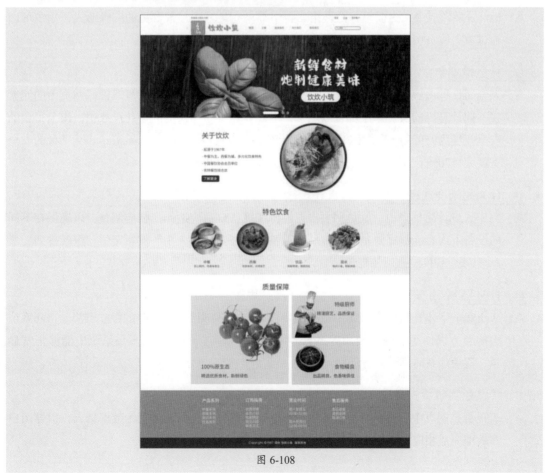

图 6-107

至此，饮炊美食网站的首页制作完成，如图6-108所示。

图 6-108

新手答疑

1. Q: 如何理解列表流、卡片流、瀑布流和 Feed 流?

    A: 列表流、卡片流、瀑布流和Feed流介绍如下。

- **列表流:** 列表流是一种以文字为主导的布局形式,其内容以列表的形式呈现,如手机短信等;除了文字为主的布局方式外,列表流还包括图文并排的布局,如新闻界面、资讯界面等。列表流界面的排列较为整齐,便于浏览。

- **卡片流:** 卡片流是UI设计中常用的布局形式,微信公众号就是标准的卡片流布局,其特点是通过卡片将图像和文字结合在一起,以规范的矩形空间展示信息,层级结构非常清晰。

- **瀑布流:** 瀑布流是指在滑动页面时,内容会源源不断地加载出来,并附加在当前界面底部的布局形式,Pinterest是最早采用瀑布流设计的网站。其特点是定宽不定高,以错落的图片带给界面一种随性自然、不拘一格的视觉效果。

- **Feed流:** Feed流类似于瀑布流,但在其基础上增加了对内容的干预,它会通过算法分析并记住用户的喜好,为用户匹配相应的内容,以延长用户的留存时间。常见的Feed流界面包括小红书、抖音等。

2. Q: 什么是 banner?

    A: banner翻译成中文为横幅,是网络广告中最早、最基本、最常见的广告形式,用户可以通过单击网页中的banner,链接至对应的广告网页中。

3. Q: 什么是安全宽度?

    A: 安全宽度即内容安全区域,是一个承载页面元素的固定宽度值,可以确保网页中的元素在不同计算机的分辨率中都可以正常显示。在宽度为1920px的设计尺寸中,淘宝平台的安全宽度为950px;天猫平台和京东平台的安全宽度为990px;Bootstrap 3.×平台的安全宽度为1170px;Bootstrap 4.×平台的安全宽度为1200px。

4. Q: 什么是响应式设计?

    A: 响应式设计简单来说,就是网页根据屏幕宽度,自适应地作出相应调整,以确保在不同的设备下内容能够完整呈现,常见的调整方式包括调整大小、重新定位、重新排列、显示/隐藏、替换、重新构建等。

5. Q: 什么是 Web 安全字体?

    A: Web安全字体是指用户系统中自带的字体,包括Windows系统中的微软雅黑、Mac系统中的苹方黑体等。通过使用Web安全字体,可以确保网页在大多数系统中能够正常显示,避免加载时间过长等问题。

6. Q: 什么是表单页?

    A: 表单页是网页中用于执行注册、设置、评论等任务的页面,可用于数据录入,引导用户高效地完成相应的流程等。

第7章
软件界面设计

PC端软件的界面空间大，能承载更多内容，实现复杂的功能。本章对软件界面设计进行介绍，包括软件界面结构布局规范、尺寸规范等设计规范，以及启动页、着陆页、集合页等常用界面类型等。

　　软件界面设计是界面设计的一个分支，主要针对PC端软件的使用界面进行设计，包括交互操作逻辑、用户情感化体验、界面元素美观等，图7-1所示为百度网盘工具界面。在进行软件界面设计前，首先需要了解软件界面设计的相关规范，本节将对此进行介绍。

图 7-1

▌7.1.1　软件界面结构布局规范

　　Windows平台的软件界面一般包括导航、命令栏和内容区三部分，如图7-2所示。

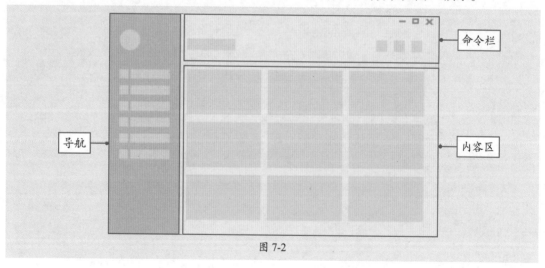

图 7-2

　　软件界面各部分说明如下。

● **导航**：用于放置软件图标、导航栏目及设置栏目。常见的导航模式包括左侧导航和顶部导航两种。左侧导航可折叠，超过5个导航栏目时建议使用左侧导航；顶部导航始终可见，一般仅用于栏目较少时。

● **命令栏**：提供对应用程序级或页面级命令的访问方式，适用于任何导航模式，一般放置于页面的顶部或底部。

● **内容区**：内容区的具体布局根据页面的不同也有所不同。

▌7.1.2 软件界面尺寸规范

软件界面的尺寸与屏幕的分辨率及软件产品的分辨率有关，在设计时一般是对设备的关键断点进行设计，并实现通用。表7-1所示为使用Windows 10操作系统的不同设备的设计尺寸。

表7-1

大小级别	断点	典型屏幕大小（对角线）	设备	窗口大小
小	≤640px	4″～6″；20″～65″	手机、电视①	320×569px 360×640px 480×854px
中	641～1007px	7″～12″	平板电脑	960×540px
大	≥1008px	≥13″	计算机、笔记本 电脑、 Surface Hub	1024×640px 1366×768px 1920×1080px

知识点拨

断点

在页面宽度改变的过程中，经过某个特定值时，页面的布局会发生变化，这个值就叫作断点。

在针对特定断点进行设计时，应针对应用的屏幕可用空间大小进行设计，而不是空间大小。当应用最大化运行时，应用窗口的大小与屏幕的大小相同；非最大化运行时，窗口的大小则小于屏幕大小，如图7-3所示。

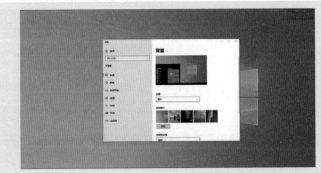

图7-3

▌7.1.3 软件界面字体规范

文字在界面设计中可以很好地传递信息，不同类型的文字呈现不同的视觉效果，进行界面设计时，应根据类型选择合适的字体规范。本节将对Windows平台应用中的文字进行介绍。

1. 字体选择

在Windows平台应用中，英文默认使用的字体是Segoe UI，该字体属于无衬线体，包括12种

①考虑到观看距离，1080px的电视的观看效果相当于540px的显示器，即尽管具有1080个物理像素，但只有540个有效像素，因此在设计时类似小屏幕设计。

字重，如图7-4所示。

Segoe UI Light	**Segoe UI Semibold**
Segoe UI Light Italic	***Segoe UI Semibold Italic***
Segoe UI Semilight	**Segoe UI Bold**
Segoe UI Semilight Italic	***Segoe UI Bold Italic***
Segoe UI Regular	**Segoe UI Black**
Segoe UI Italic	***Segoe UI Black Italic***

图 7-4

常见无衬线体和衬线体

Sans-serif字体（无衬线体）是指西文中没有衬线的字体，适用于标题和UI元素，表7-2所示为常见的Sans-serif字体。

表7-2

字体系列	样式	注意
Arial	常规、粗体、斜体、粗斜体、黑体	支持欧洲和中东语言脚本黑粗体 仅支持欧洲语言脚本
Calibri	常规、粗体、斜体、粗斜体、细体 细斜体	支持欧洲和中东语言脚本 阿拉伯语仅竖体可用
Consolas	常规、粗体、斜体、粗斜体	支持欧洲语言脚本的固定宽度字体
Segoe UI	常规、粗体、斜体、粗斜体、黑斜体 细斜体、细体、半细、半粗、黑体	欧洲和中东语言脚本
Selawik	常规、半细、细体、粗体、半粗	计量方面与 Segoe UI 兼容的开源字体，用于 其他平台中不希望包含 Segoe UI 的应用

Serif字体（衬线体）是指文字笔画开始及结束位置具有装饰且笔画粗细不一致的字体，适用于正文，表7-3所示为常见的Serif字体。

表7-3

字体系列	样式	注意
Cambria	常规	支持欧洲和中东语言脚本黑粗体 仅支持欧洲语言脚本
Courier New	常规、粗体、斜体、粗斜体	支持欧洲和中东语言脚本 固定宽度字体
Georgia	常规、斜体、粗体、粗斜体	支持欧洲语言脚本
Times New Roman	常规、粗体、斜体、粗斜体、黑斜体 细斜体、细体、半细、半粗、黑体	欧洲和中东语言脚本

当应用显示非英文语言时可采用不同的字体，默认如表7-4所示。

表7-4

字体系列	样式	注意
Ebrima	常规、粗体	非洲语言脚本的用户界面字体
Gadugi	常规、粗体	北美语言脚本的用户界面字体
Leelawadee UI	常规、粗体、半细	东南亚语言脚本的用户界面字体
Malgun Gothic	常规	朝鲜语的用户界面字体
Microsoft JhengHei UI（微软正黑）	常规、粗体、细体	繁体中文的用户界面字体
Microsoft YaHei UI（微软雅黑）	常规、粗体、细体	简体中文的用户界面字体
Myanmar Text	常规	缅甸文脚本的后备字体
SimSun（宋体）	常规	传统的中文用户界面字体
Yu Gothic UI	常规、粗体、半粗细体、半细	日语的用户界面字体
Nirmala UI	常规、粗体、粗体	南亚语言脚本的用户界面字体

2. 字号与字重

字号的大小和字重决定软件界面中信息的层级，规律地使用不同的字号和字重可以使软件界面重点清晰，便于用户阅读。软件界面中的文字需要使用偶数字号，中文应用系统中标题一般为16～32px；导航和栏目标题一般为18px；正文为14px；提示性文字为12px，需醒目标注时加粗显示。

字号的最小值决定信息的可读性，中文最小字号为12px，英文最小字号为10px。

注意事项 | 文字间距

行间距一般为字号的1～1.5倍，段间距一般为字号的1.5～2倍。

7.1.4 软件图标规范

软件图标包括应用图标和界面图标两种类型。应用图标是指Windows中的图标，包括"开始"菜单、桌面、任务栏中表示应用的图标，如图7-5所示；界面图标是指软件界面中的图标，如图7-6所示。

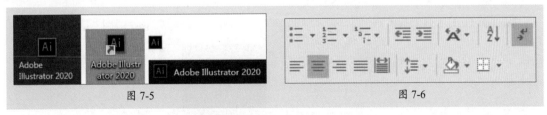

图 7-5　　　　　　　　　　　　　　　图 7-6

根据使用场景的不同，软件图标的大小也有所不同，常见的尺寸有16px、24px、32px、48px、64px、128px、256px。

动手练 制作绘图软件启动页 ———————————————————————●

在学习软件界面设计的相关规范后，下面练习制作绘图软件启动页。具体的操作步骤如下。

步骤 01 新建一个1024×640px大小的Photoshop文档，如图7-7所示。

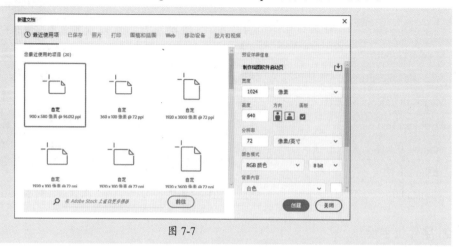

图 7-7

步骤 02 执行"视图"|"新建参考线"命令，在打开的"新建参考线"对话框中设置参数，如图7-8所示。完成后单击"确定"按钮，新建参考线如图7-9所示。

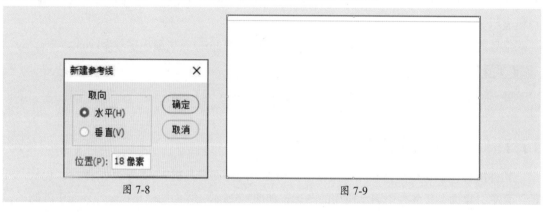

图 7-8   图 7-9

步骤 03 执行"文件"|"置入嵌入对象"命令，导入本章素材文件，如图7-10所示。

步骤 04 使用矩形工具绘制一个340×640px、填充为#B18B67的矩形，如图7-11所示。

图 7-10

图 7-11

步骤 05 导入本章素材文件，在"属性"面板中调整其位置，如图7-12所示。

步骤 06 效果如图7-13所示。

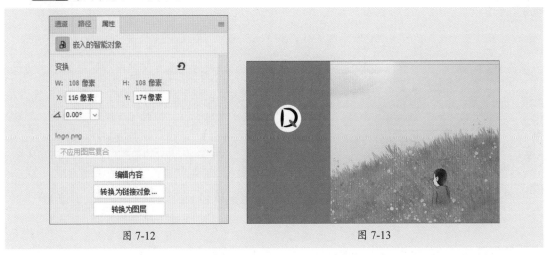

图 7-12 图 7-13

步骤 07 使用文字工具在导入的素材下方输入文字，在"属性"面板中设置参数，如图7-14所示。

步骤 08 效果如图7-15所示。

图 7-14 图 7-15

步骤 09 使用相同的方法继续输入文字，如图7-16、图7-17所示。

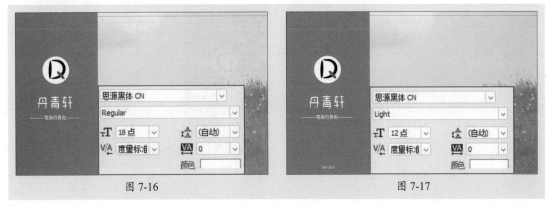

图 7-16 图 7-17

步骤 10 使用矩形工具绘制矩形，如图7-18所示。

步骤 11 使用相同的方法继续绘制矩形，并设置填充为无，描边为白色，粗细为2px，如图7-19所示。

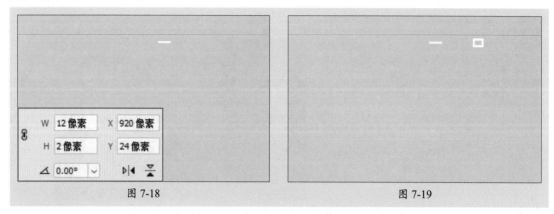

图 7-18 图 7-19

步骤 12 继续绘制两个2×20px的矩形，使二者十字交叉，如图7-20所示。

步骤 13 选中两个矩形图层，在"图层"面板中右击，在弹出的快捷菜单中执行"转换为智能对象"命令，将其转换为智能对象。按Ctrl+T组合键将其旋转45°，如图7-21所示。

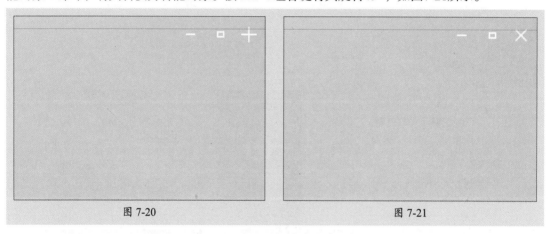

图 7-20 图 7-21

步骤 14 选择智能对象图层，单击"图层"面板底部的"添加图层蒙版"按钮，添加图层蒙版，使用矩形框选工具创建选区，填充黑色，效果如图7-22所示。

至此，绘图软件的启动页制作完成，如图7-23所示。

图 7-22 图 7-23

7.2 软件界面常见类型

软件界面中的常用界面包括启动页、着陆页、集合页、主/细节页、详细信息页及表单页。这些界面影响着软件的用户体验。本节将对此进行说明。

7.2.1 启动页

启动页是指PC端软件启动时的等待界面，好的启动页可以加深用户对产品的印象，增强用户与软件之间的联系。图7-24所示为Premiere软件的启动页。

图 7-24

7.2.2 着陆页

着陆页是用户使用软件时最先出现的页面，在软件应用中，大面积的设计区域用来突出显示用户可能想要浏览和使用的内容，图7-25所示为Excel软件打开时最先出现的页面。

图 7-25

7.2.3 集合页

集合页是将内容组或数据组集合到一个界面中，方便用户浏览。一般可以将其分为网格视图和列表视图两种类型，照片或以媒体为中心的内容多用网格视图；文本或数据密集型的内容多用列表视图，图7-26所示为QQ浏览器的应用中心界面。

图 7-26

动手练 制作绘图软件集合页 ——————————————

了解软件常用界面类型后，下面练习制作绘图软件集合页。具体的操作步骤如下。

步骤 01 新建一个1024×640px大小的Photoshop文档，如图7-27所示。

步骤 02 执行"视图"|"新建参考线版面"命令，在打开的"新建参考线版面"对话框中设置参数，如图7-28所示。完成后单击"确定"按钮，即可新建参考线版面。

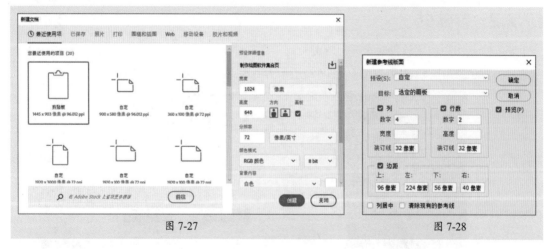

图 7-27　　　　　　　　　　　　　　　　　　图 7-28

步骤 03 执行"视图"|"新建参考线"命令，在水平方向56px处及垂直方向40px、184px处新建参考线，效果如图7-29所示。

步骤 04 打开"制作绘图软件启动页"文档，复制图层至新文档中，在"图层"面板中按Ctrl+G组合键编组，双击图层组空白处，打开"图层样式"对话框，选择"颜色叠加"选项卡，叠加#333333颜色，如图7-30所示。

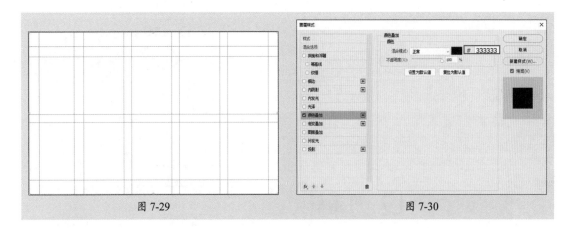

图 7-29   图 7-30

步骤 05 完成后单击"确定"按钮，效果如图7-31所示。

步骤 06 使用矩形工具绘制一个184×640px、填充为#EDEDED的矩形，如图7-32所示。

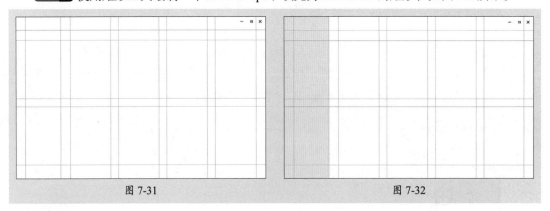

图 7-31   图 7-32

步骤 07 执行"文件"|"置入嵌入对象"命令，导入本章素材文件，如图7-33所示。

步骤 08 使用文字工具在导入的素材下方输入文字，在"属性"面板中设置参数，如图7-34所示。

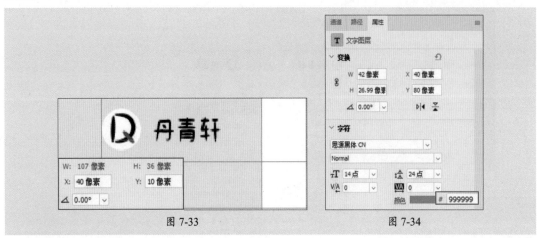

图 7-33   图 7-34

步骤 09 效果如图7-35所示。

步骤 10 使用相同的方法继续输入文字，颜色分别为#FFFFFF、#333333和#CCCCCC，效果如图7-36所示。

153

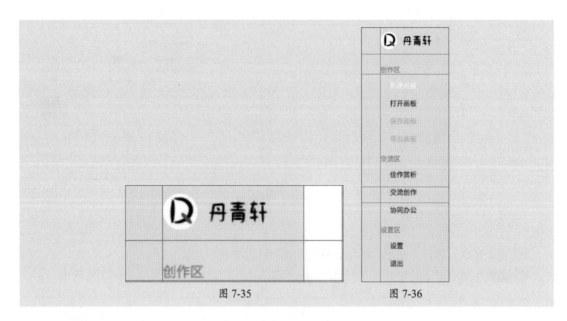

图 7-35   图 7-36

步骤 11 执行"文件"|"置入嵌入对象"命令，导入本章素材文件，如图7-37所示。

步骤 12 双击图层空白处，打开"图层样式"对话框，选择"颜色叠加"选项卡，设置颜色与右侧文字一致，完成后单击"确定"按钮，效果如图7-38所示。

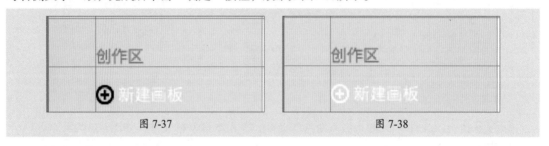

图 7-37   图 7-38

步骤 13 使用相同的方法导入素材并设置颜色，效果如图7-39所示。

步骤 14 选中底部矩形，使用矩形工具绘制一个184×32px、填充为#B18B67的矩形，效果如图7-40所示。

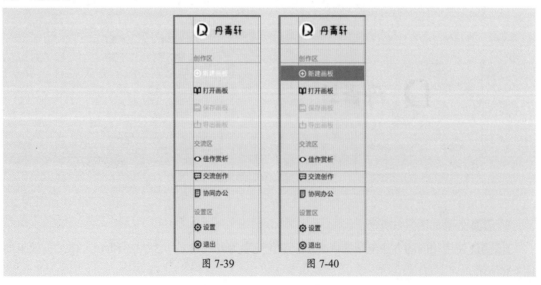

图 7-39   图 7-40

步骤 15 使用文字工具输入文字，颜色分别设置为#333333和#B18B67，效果如图7-41所示。

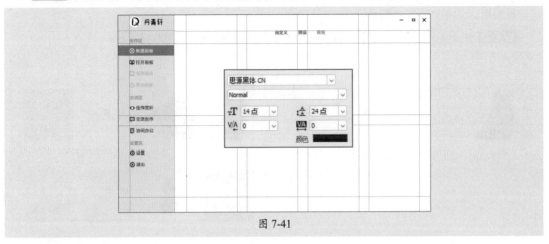

图 7-41

步骤 16 使用矩形工具绘制一个166×166px大小的白色矩形，如图7-42所示。

步骤 17 双击"图层"面板中矩形图层空白处，打开"图层样式"对话框，选择"投影"选项卡，设置参数，如图7-43所示。

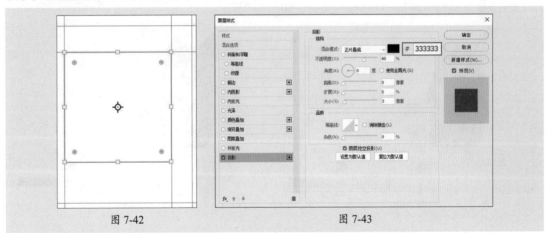

图 7-42   图 7-43

步骤 18 完成后单击"确定"按钮，效果如图7-44所示。

步骤 19 按住Alt键并拖曳鼠标复制矩形，重复多次，效果如图7-45所示。

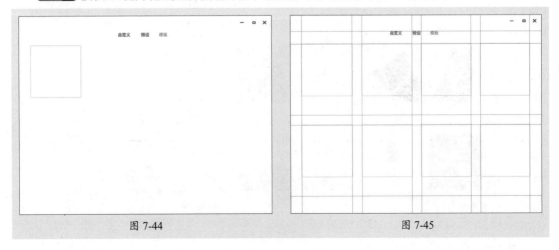

图 7-44   图 7-45

步骤20 选中第一个矩形，导入本章素材文件，并调整大小与位置，按Ctrl+Alt+G组合键创建剪贴蒙版，效果如图7-46所示。

步骤21 使用相同的方法，导入素材图像并创建剪贴蒙版，如图7-47所示。

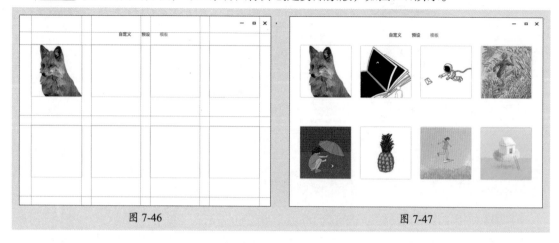

图 7-46   图 7-47

步骤22 使用文字工具在矩形下方输入文字，如图7-48所示。

步骤23 使用相同的方法继续输入文字，如图7-49所示。

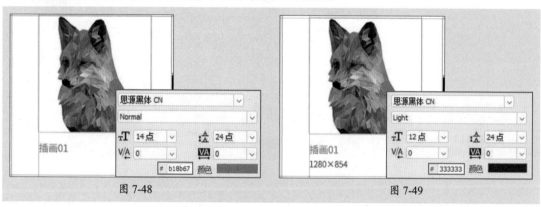

图 7-48   图 7-49

步骤24 选中输入的文字，按住Alt键并拖曳鼠标进行复制，双击修改内容，如图7-50所示。

步骤25 使用矩形工具绘制一个圆角矩形，在"属性"面板中设置参数，如图7-51所示。

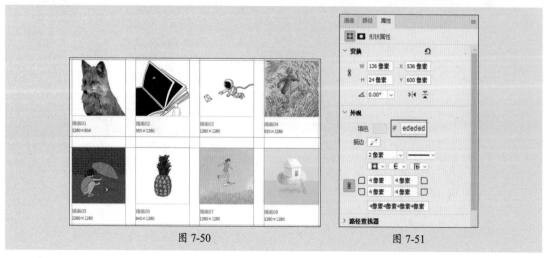

图 7-50   图 7-51

步骤 26 效果如图7-52所示。

步骤 27 在矩形上输入文字，效果如图7-53所示。

图 7-52　　　　　　　　　　　　　　　　图 7-53

至此，绘图软件的集合页制作完成，如图7-54所示。

图 7-54

7.2.4　主/细节页

主/细节页由列表视图（主）和内容视图（细节）共同组成，两个视图都是固定的，且可以垂直滚动。当选择列表视图中的项目时，内容视图也会相应更新，图7-55所示为媒体播放器的主/细节页。

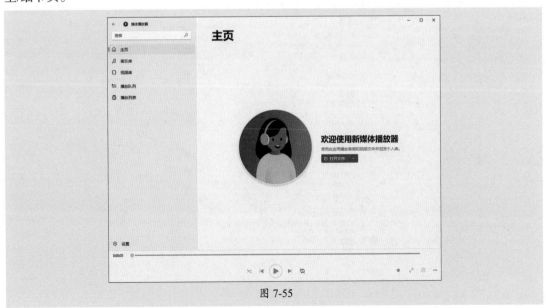

图 7-55

7.2.5 详细信息页

详细信息页是指在主/细节页的基础上创建的内容的详情页，可以使用户能够不受干扰地查看页面，图7-56所示为天气的详情信息页。

图 7-56

7.2.6 表单页

表单可以收集和提交来自用户的数据，增加软件的交互性，该页面多用于页面设置、账户创建、反馈中心等，图7-57所示为画图3D软件的设置页面。

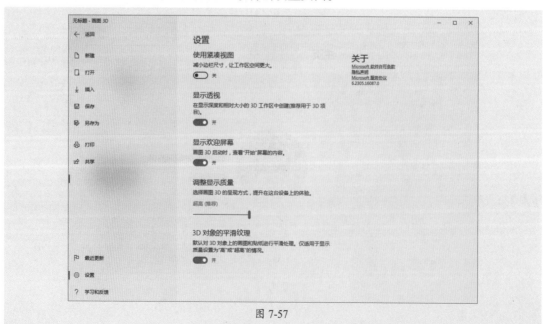

图 7-57

实战演练：制作视频软件界面

学习软件界面设计的相关知识后，下面练习制作视频软件界面。具体的操作步骤如下。

步骤 01 新建一个1024×640px大小的Photoshop文档，如图7-58所示。

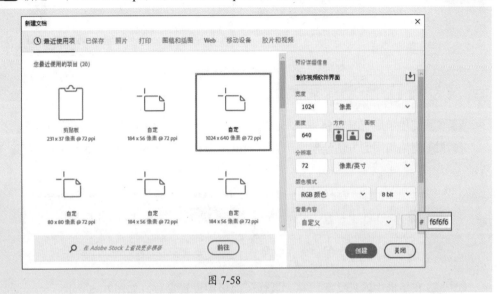

图 7-58

步骤 02 执行"视图"|"新建参考线版面"命令，在打开的"新建参考线版面"对话框中设置参数，如图7-59所示。完成后单击"确定"按钮，即可新建参考线版面。

步骤 03 执行"视图"|"新建参考线"命令，在水平方向56px处及垂直方向40px、184px、836px、984px处新建参考线，效果如图7-60所示。

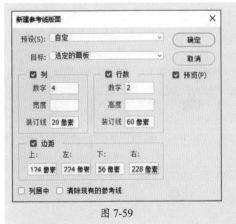

图 7-59

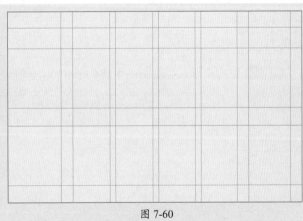

图 7-60

步骤 04 执行"文件"|"置入嵌入对象"命令，导入本章素材文件，并调整至合适位置，如图7-61所示。

步骤 05 选中左侧的4个图标，按Ctrl+G组合键编组。双击图层组空白处，打开"图层样式"对话框，选择"颜色叠加"选项卡，叠加#999999颜色，完成后单击"确定"按钮，效果如图7-62所示。

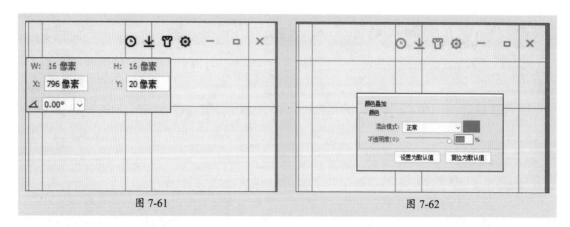

图 7-61   图 7-62

步骤 06 使用矩形工具绘制一个2×18px、填充为#CCCCCC的矩形，如图7-63所示。

步骤 07 使用相同的方法绘制一个72×24px、填充为#5599FF、圆角为12px的矩形，如图7-64所示。

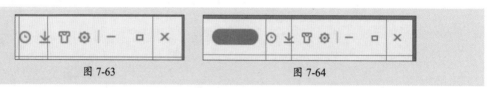

图 7-63   图 7-64

步骤 08 在矩形中输入文字，在"属性"面板中设置参数，如图7-65所示。

步骤 09 效果如图7-66所示。

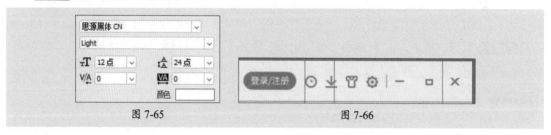

图 7-65   图 7-66

步骤 10 使用矩形工具绘制一个184×640px、填充为#F0F0F0的矩形，如图7-67所示。

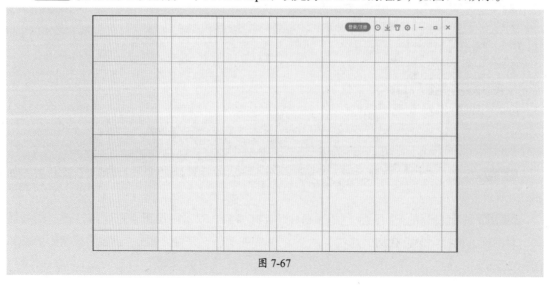

图 7-67

步骤 11 导入本章素材文件，并调整至合适位置，如图7-68所示。

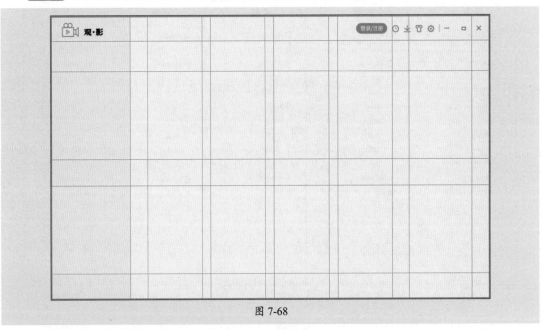

图 7-68

步骤 12 使用文字工具输入文字，如图7-69所示。

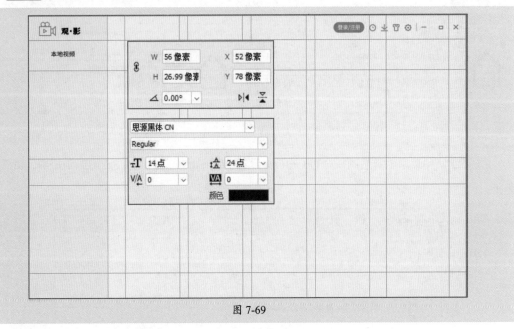

图 7-69

步骤 13 使用相同的方法继续输入文字，如图7-70所示。

步骤 14 导入本章素材文件，并调整至合适位置，如图7-71所示。

步骤 15 选中"热点推荐"左侧的图标，双击图层名称空白处，打开"图层样式"对话框，叠加#5599FF颜色，效果如图7-72所示。

步骤 16 使用椭圆工具绘制半径为2px的圆形，如图7-73所示。

步骤 17 复制圆形并重复操作，效果如图7-74所示。

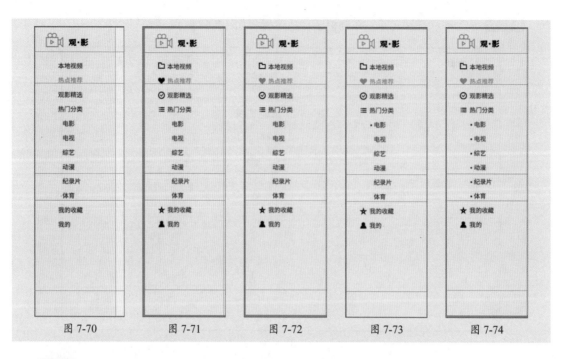

| 图 7-70 | 图 7-71 | 图 7-72 | 图 7-73 | 图 7-74 |

步骤 18 导入本章素材文件，并为其叠加#333333的颜色，效果如图7-75所示。

步骤 19 使用文字工具输入文字，如图7-76所示。

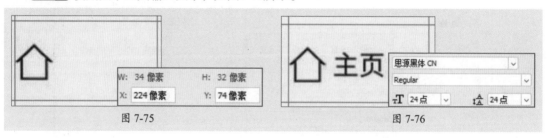

| 图 7-75 | 图 7-76 |

步骤 20 使用矩形工具绘制一个196×36px、填充为#E3E3E3、圆角为8px的圆角矩形，如图7-77所示。

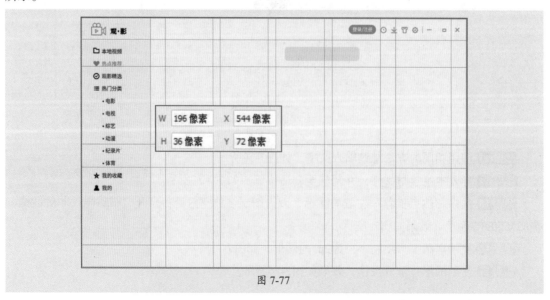

图 7-77

步骤 21 选中绘制的矩形，按住Alt键并向右拖曳光标进行复制，调整宽度为36px，效果如图7-78所示。

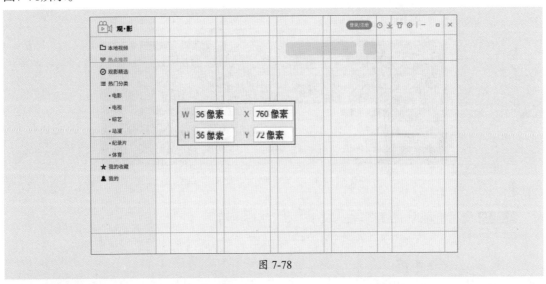

图 7-78

步骤 22 使用自定义形状工具绘制搜索形状，填充为白色，效果如图7-79所示。

步骤 23 使用文字工具输入文字，如图7-80所示。

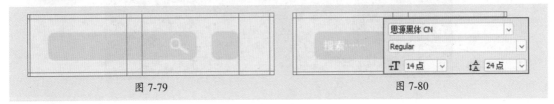

图 7-79   图 7-80

步骤 24 导入本章素材文件，并叠加#5599FF颜色，效果如图7-81所示。

步骤 25 使用矩形工具绘制一个572×200px、填充为#F0F0F0、圆角为8px的矩形，如图7-82所示。

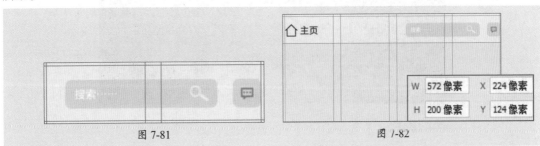

图 7-81   图 7-82

步骤 26 导入本章素材文件，按Ctrl+Alt+G组合键创建剪贴蒙版，效果如图7-83所示。

图 7-83

步骤 27 使用文字工具输入文字，如图7-84所示。

图 7-84

步骤 28 使用相同的方法继续输入文字，如图7-85所示。

图 7-85

步骤 29 复制"主页"文字至合适位置，并修改文字内容，如图7-86所示。

图 7-86

步骤 30 继续复制文字并调整内容，设置其字重为Normal，字号为16pt，颜色分别为白色和 #999999，效果如图7-87所示。

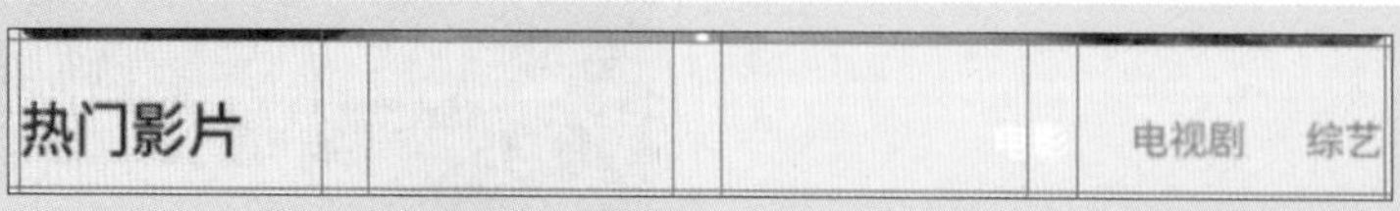

热门影片　　　　　　　　　　　　　　　电视剧　综艺

图 7-87

步骤 31 在白色文字下方绘制一个48×28px、填充为#5599FF、圆角为8px的圆角矩形，效果如图7-88所示。

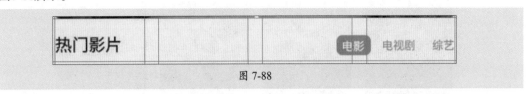

图 7-88

步骤 32 使用矩形工具绘制一个128×200px、填充为#F0F0F0、圆角为8px的矩形，并复制3个，如图7-89所示。

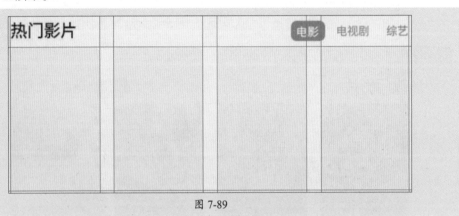

图 7-89

步骤 33 导入素材图像并创建剪贴蒙版，效果如图7-90所示。

图 7-90

步骤 34 复制矩形并调整图层顺序，设置其填充为黑色到黑色透明的渐变，如图7-91所示。

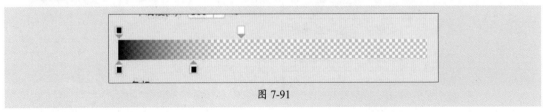

图 7-91

步骤 35 效果如图7-92所示。

图 7-92

步骤 36 在渐变矩形上方输入文字，如图7-93所示。

图 7-93

步骤 37 使用相同的方法绘制矩形，并导入素材图像，创建剪贴蒙版，如图7-94所示。

步骤 38 在图像上方输入文字，如图7-95所示。

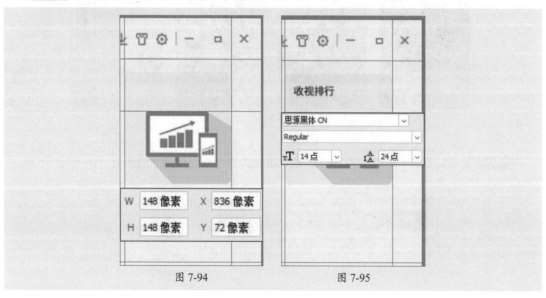

图 7-94　　　　　　　　　　图 7-95

步骤 39 使用矩形工具绘制矩形，如图7-96所示。

步骤 40 在矩形上方输入文字，如图7-97所示。

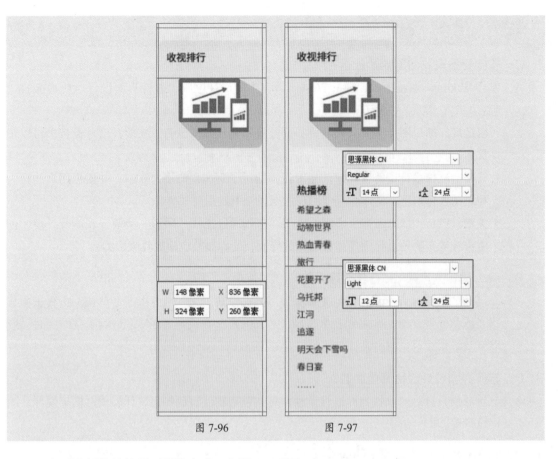

图 7-96　　　　　　　图 7-97

至此，视频软件的界面制作完成，如图7-98所示。

图 7-98

新手答疑

1. Q: 软件界面设计的原则是什么?

A: 基于Windows系统下的Fluent Design语言中的设计原则,软件界面设计时应遵循自适应、共鸣、美观3大原则。

- **自适应:** 通过断点等方式使软件界面适配不同尺寸的设备,在多种硬件设备中可以正常运行。
- **共鸣:** 软件设计应符合用户认知习惯,通过了解和预测用户需求,并根据用户的行为和意图进行调整,使体验符合用户的期望,引发用户共鸣。
- **美观:** Fluent Design重视华丽的效果,主张通过光线、阴影、动效、深度及纹理,创建符合真实物理世界的规律和准则的界面,使界面及应用更具吸引力。

2. Q: eps 是什么? 和 px 有什么联系?

A: eps全称为Effective Pixels(有效像素),简称e像素,是一个虚拟度量单位,指真正参与感光成像的像素值,常用于表示布局尺寸和间距。在设计通用Windows平台应用时,应以有效像素为单位进行设计,此时eps等同于px。

3. Q: 软件界面设计包括哪些内容?

A: 软件界面设计是对软件界面进行设计,具体包括软件启动界面设计、软件框架设计、图标设计等。

4. Q: 软件界面设计的流程是什么?

A: 和App界面设计、网页界面设计的流程类似,软件界面设计一般包括分析调研、交互设计、视觉设计、设计测试及反馈优化等步骤。

- **分析调研:** 分析调研可以明确设计方向,帮助设计师设计出符合软件风格及市场需要的界面。
- **交互设计:** 初步构思软件设计,具体包括纸面原型、架构设计、流程图设计、线框图设计、交互自查等工作,
- **视觉设计:** 最终的视觉呈现效果,要求设计规范,图片、文字内容真实。要注意,该步骤需要制作可交互的高保真原型,以便后期测试。
- **设计测试:** 用于检测界面效果,确保其可行性。
- **反馈优化:** 上线后收集用户反馈意见,进行优化更新。

5. Q: 软件图标应输出什么格式?

A: 建议使用可缩放的矢量图SVG文件或几何图形对象。SVG文件可以在任何尺寸或分辨率下保持清晰的外观;几何图形是一种基于矢量的资源,创建较为复杂,需要单独指定每个点和曲线,但便于修改。

第 **8** 章
界面的标注与切图

界面的标注与切图是为了与开发衔接，使设计稿最终呈现出来。标注可以将界面中的视觉信息有效地展示给程序员，以便程序员在开发时很好地架构适配界面；切图则可以将设计稿切分为前端可用的素材。本章对界面的标注与切图相关知识进行介绍。

标注可以精确标记界面的尺寸，为后期的开发提供尺寸信息，从而较好地实现界面效果。本节将对界面标注的相关知识进行说明。

8.1.1 标注内容

界面标注总结起来就是标文字、标图片、标间距、标区域，具体操作中包括标注文字、颜色、结构、状态、特殊交代等，下面对此进行介绍。

1. 标文字

标注文字时应标出文字的字号大小、颜色、行间距、段间距等属性，如图8-1所示。要注意的是，iOS系统中的字号以pt为单位，Android系统中的字号以sp为单位，在720×1280px的设计稿中，1pt=1sp=2px。

图 8-1

通用型模块、颜色、字体等只需单独标明一份，如导航栏等。

> **注意事项 | 极限值 |**
>
> 在标注文字时应给出一个极限情况的规范，如最多显示几个字符，超过极限值后如何表示等。

2. 标颜色

颜色标注应尽可能全面，一般选择十六进制或RGB格式标注，如图8-2所示。H5前端一般选择RGB标注。

3. 标结构

结构是界面标注的重点内容，在标注时可以将其分为尺寸和间距两个标注方向。尺寸包括图标、图片等内容关于尺寸维度的标注；间距则包括图标、色块、框线等元素与旁边元素之间的距离、与屏幕边缘的距离等，如图8-3所示。

在标注组件时，要注意的是不同的适配方式需要选择不同的标注方法，如标注中间间距适配将基于中心进行对齐；标注比例将等比适配。

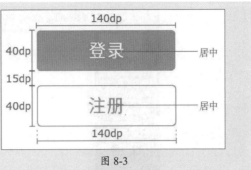

图 8-2   图 8-3

注意事项 | **图标标注** |

图标标注时应标出可点击区域。

4. 标状态

一般来说，界面在使用时会呈现不同的状态，如正常状态、点按或选择状态等，在标注时需要分别标注，以便后期开发，如图8-4所示。

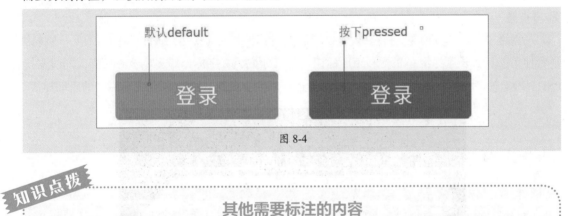

图 8-4

知识点拨

其他需要标注的内容

除了以上需要标注的内容外，在标注时还应注明一些需要说明的交互效果、需要特殊交代的内容等。

注意事项 | **标注单位** |

iOS系统中的标注单位与设计单位一致，一般使用pt或px；Android系统中的标注单位同样与设计单位一致，一般距离用dp，字号用sp。

8.1.2 标注工具

界面标注的主要目的是保证设计稿的高品质呈现，用户可以使用以下工具快速标注。

1. PxCook

PxCook（像素大厨）是一款高效的自动标注工具软件，新版本中兼具切图功能，多用于Windows系统平台。该软件可以自动智能识别标注PSD文件的文字、颜色、距离等内容，帮助设计师快速标注。图8-5所示为PxCook的工作界面。

图 8-5

2. 马克鳗

马克鳗（Mark Man）是一款高效的设计稿标注、测量工具软件，该软件操作简单，支持多平台使用，具备长度标记、坐标和矩形标记、色值标记、文字标记等多项核心功能，同时支持PSD、PNG等多种图片格式，在修改设计稿后还可以同步更新。图8-6所示为马克鳗的启动界面。

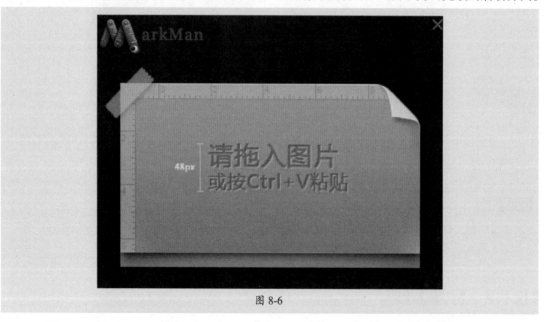

图 8-6

动手练 标注App注册登录页

学习界面标注的相关知识后，下面将通过PxCook练习标注App的注册登录页，具体的操作步骤如下。

步骤 01 打开PxCook软件，单击"创建项目" ＋创建项目 按钮，在打开的"创建项目"对话框中设置参数，如图8-7所示。

步骤 02 完成后单击"创建项目"按钮创建项目，将PSD素材文件拖曳至软件中，并重命名画板名称，如图8-8所示。

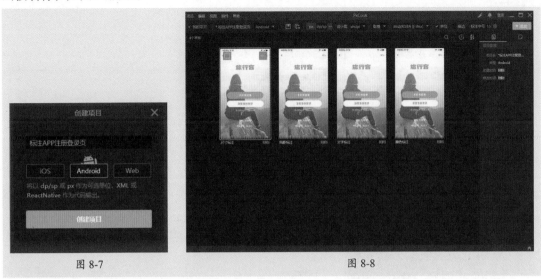

图 8-7   图 8-8

步骤 03 双击"尺寸标注"画板将其打开，选中除文字和图标外的所有内容，如图8-9所示。

步骤 04 单击左侧工具栏中"智能标注"工具 下方的"尺寸标注"工具 ，软件将自动生成标注，设置标注字号为30，效果如图8-10所示。

步骤 05 选中左侧栏中的"区域标注"工具 ，在页面中按住鼠标左键拖曳标注区域，如图8-11所示。

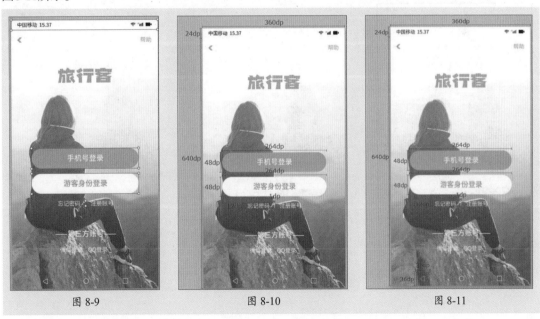

图 8-9   图 8-10   图 8-11

步骤 06 使用相同的方法标注图标区域，如图8-12所示。

步骤 07 单击界面顶部的"导出画板标注"按钮 ，导出尺寸标注，如图8-13所示。

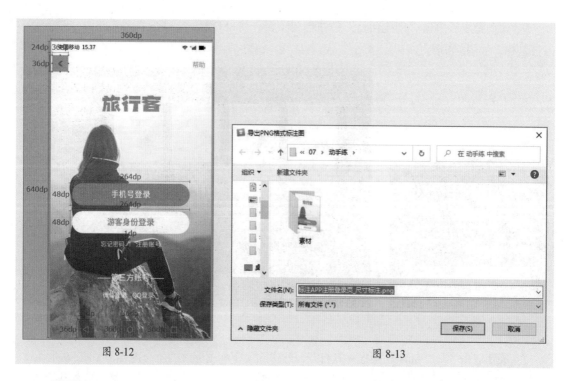

图 8-12 图 8-13

步骤 08 打开"间距标注"画板，选择智能标注工具，移动光标至图标上，按住鼠标左键拖曳光标至画板边缘，标注间距，如图8-14、图8-15所示。

步骤 09 使用相同的方法标注其他间距，如图8-16所示，导出间距标注。

图 8-14 图 8-15 图 8-16

步骤 10 打开"文字标注"画板，选中文字，如图8-17所示。

步骤 11 单击智能标注工具下方的"生成文本样式标注"工具，软件将自动生成文本样式，如图8-18所示，导出文字标注。

图 8-17

图 8-18

步骤 12 打开"颜色标注"画板,选择矩形,单击智能标注工具下方的"矢量图层样式"工具进行标注,效果如图8-19所示。

步骤 13 使用相同的方法进行标注,效果如图8-20所示。

步骤 14 选择"颜色标注"工具标注其他颜色,如图8-21所示,导出颜色标注。

图 8-19　　　　　　　　　　图 8-20　　　　　　　　　　图 8-21

至此,App注册登录页的标注完成。

8.2 界面切图

界面切图是指将界面设计稿中的图标、图片等进行分离,生成可以直接在前端页面中使用的图片。下面将对界面切图的相关知识进行介绍。

8.2.1 切图原则

切图效果影响开发对设计稿的还原度，在切图时应注意以下原则。

1. 切图尺寸需为双数

常见界面尺寸一般为偶数，能识别的最小单位为1px。切图尺寸为偶数，可以保证切图资源在工程师开发时呈高清显示，从而避免切图资源边缘模糊导致的低还原度效果。

2. 降低图片文件大小，提升加载速度

图片是UI设计中非常重要的资源，同一类型的图片切图，一般要保持同样的尺寸，以便于工程师开发使用。此外在切图时应尽量减少或压缩图片文件大小，以确保在使用App的过程中可以快速加载，带给用户良好的使用体验。

点九切图

在Android平台中，用户可以通过点九切图法切图，该方法适配Android多种机型，且随意拉伸不会损坏图片效果，图片文件也较小。

3. 根据标准尺寸输出图标

图标是界面设计中非常重要的部分，在切图输出时要根据标准尺寸输出并考虑手机适配问题。一般来说，@2x的切图可以适配双平台大部分机型；@3x的切图可以适配iPhone plus版本的手机。

图标切图

桌面图标切图只需要提供直角的图标切图即可，手机系统会自动生成圆角效果。

4. 可点击元素的可点击区域不小于88px

44px是320×480px显示屏中制定的点击区域数值，在750×1334px显示屏中点击区域就变为了88px，换算成物理尺寸后约为7~9mm，而人机工程学研究认为7~9mm是人类舒适的触击范围，因此可点击元素的区域一般不小于88px。

5. 切图内容全面

UI设计一般具有不同的状态，切图输出时应确保输出不同状态的切图，不要遗漏，以免开发时缺失内容。

注意事项 │不需要切图元素│

文字、卡片背景、线条及标准的几何图形不需要提供切图，直接修改系统原生的设计元素参数即可。

8.2.2 切图命名规范

统一规范的命名有助于切图素材的整理，以及设计与开发之间的交流协作。UI设计中的切

图一般为小写英文命名，其格式为"功能_类型_名称_状态@倍数"，如标签栏中的主页图标一般命名为"tabbar_icon_home_default@2x.png"，翻译为中文则为"标签栏_图标_主页_默认@2x.png"。切图命名时常用的英文单词如表8-1所示。

表8-1

英文	含义	英文	含义	英文	含义
nav（navbar）	导航栏	tab（tabbar）	标签栏	status	状态栏
icon	图标	bg（background）	背景	img（image）	图片
del（delete）	删除	Pop（pop up）	弹出	selected	选择
user	用户	default	默认	pressed	按下
back	返回	edit	编辑	content	内容
logo	标识	login	登录	refresh	刷新
banner	广告	link	链接	download	下载
btn（button）	按钮	min	最小化	max	最大化
search	搜索	menu	菜单	loading	加载

注意事项 | **切图命名原因** |

切图命名选择英文的原因是开发的代码中全是小写英文，若命名为中文，在开发时需要更改，从而降低产品的开发效率。

8.2.3 切图工具

合理地使用切图工具可以减轻工作负担，提升工作效率。本节将对Photoshop、Cutterman、Figma等切图工具进行介绍。

1. Photoshop

Photoshop是一款图片编辑软件，软件中同时提供切片工具，可以帮助设计师快速切分设计稿并导出切片。图8-22所示为Photoshop软件中的切片效果。

图 8-22

2. Cutterman

Cutterman是一款Photoshop插件，它可以将设计师需要的切图自动输出，提升切图效率。Cutterman支持各种图片格式、尺寸、形态输出，兼容Android、iOS、Web等系统的一键输出，图8-23所示为Cutterman面板。

图 8-23

3. 即时设计

即时设计是一款支持在线协作的专业级UI设计工具，该工具可以跨平台使用，具备设计、交互、智能动画、切图标注等多项功能，同时支持多格式的文件互通，图8-24所示为即时设计的工作页面。

图 8-24

动手练 **切图并输出网页界面**

学习界面切图的相关知识后，下面将练习切图并输出网页界面。具体的操作步骤如下。

步骤 01 使用Photoshop打开本章素材文件，如图8-25所示。

步骤 02 根据网页内容拖曳创建参考线，如图8-26所示。

图 8-25   图 8-26

步骤 03 选择左侧工具栏中的"切片工具" ，单击选项栏中的"基于参考线的切片"按钮，创建基于参考线的切片，如图8-27所示。

步骤 04 继续创建参考线，选择左侧工具栏中的"切片工具"，按住鼠标左键拖曳创建切片，如图8-28所示。

图 8-27   图 8-28

步骤 05 按Alt+Shift+Ctrl+S组合键，在打开的"存储为Web所用格式"对话框中设置参数，如图8-29所示。

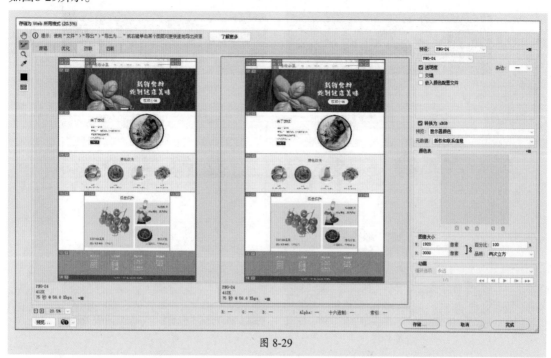

图 8-29

步骤 06 单击"存储"按钮，打开"将优化结果存储为"对话框，设置存储位置及名称，如图8-30所示。

步骤 07 单击"保存"按钮保存文件，在文件夹中查看效果，如图8-31所示。

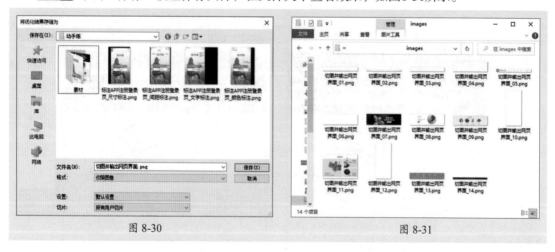

图 8-30 图 8-31

至此，网页界面的切图及导出完成。

实战演练：标注软件界面并进行切图

标注和切图可以将设计稿精确地输出给开发人员，满足开发人员对效果图的高度还原需求。下面练习标注PC端软件界面并进行切图，具体的操作步骤如下。

步骤 01 打开PxCook软件，单击"创建项目"按钮 ，在打开的"创建项目"对话框中设置参数，如图8-32所示。

图 8-32

步骤 02 完成后单击"创建项目"按钮创建项目，将PSD素材文件拖曳至软件中，并重命名画板名称，如图8-33所示。

图 8-33

步骤 03 双击"尺寸标注"画板将其打开，选中除文字和图标外的内容，如图8-34所示。

图 8-34

步骤 04 单击左侧工具栏中"智能标注"工具 下方的"尺寸标注"工具 ，软件将自动生成标注，设置标注字号为12，删除多余的标注，效果如图8-35所示。

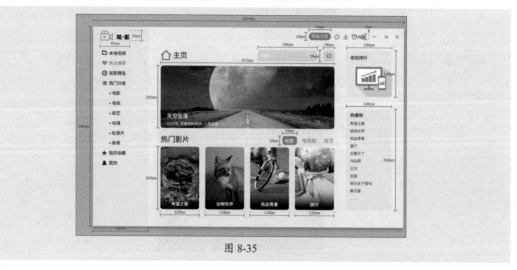

图 8-35

步骤 05 单击界面顶部的"导出画板标注"按钮 ，导出尺寸标注，如图8-36所示。

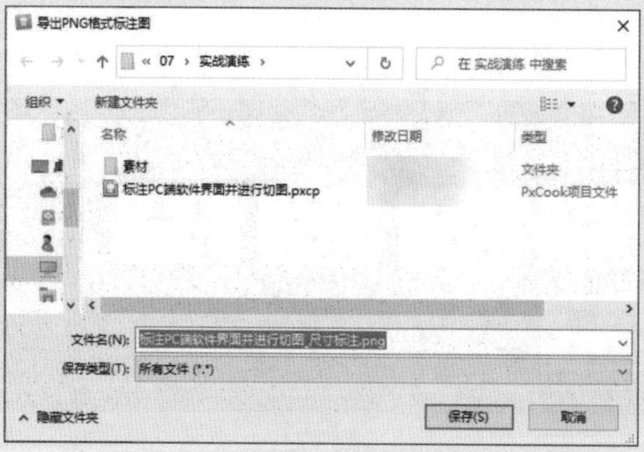

图 8-36

步骤 06 打开"图标标注"画板，选中图标后测量尺寸，删除多余标注，效果如图8-37所示，导出图标标注。

图 8-37

步骤 07 打开"间距标注"画板，选择智能标注工具标注间距，如图8-38所示，导出间距标注。

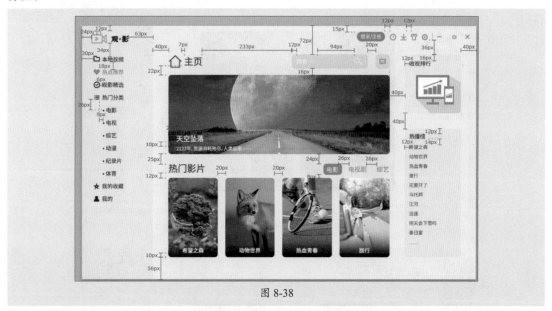

图 8-38

步骤 08 打开"文字标注"画板，选中文字，单击智能标注工具下方的"生成文本样式标注"工具，软件将自动生成文本样式，如图8-39所示，导出文字标注。

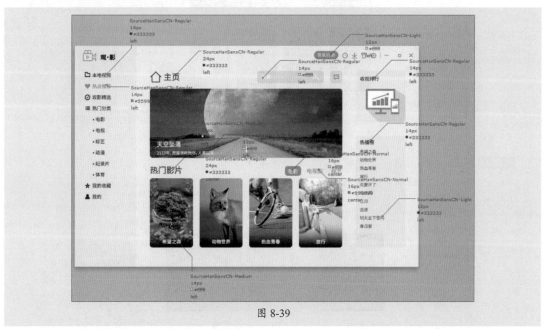

图 8-39

步骤 09 打开"颜色标注"画板，选择矩形，单击智能标注工具下方的"矢量图层样式"工具进行标注，效果如图8-40所示。

步骤 10 选择"颜色标注"工具，标注其他颜色，如图8-41所示，导出颜色标注。至此，界面的标注工作完成。

图 8-40

图 8-41

步骤 11 在Photoshop中打开素材文件，如图8-42所示。

图 8-42

步骤12 选中标志图层，执行"图层"|"新建基于图层的切片"命令，创建切片，效果如图8-43所示。

图 8-43

步骤13 使用相同的方法依次选中图标图层后创建切片，如图8-44所示。

图 8-44

步骤14 选中图片下方的矩形图层创建切片，如图8-45所示。

步骤15 按Alt+Shift+Ctrl+S组合键，在打开的"存储为Web所用格式"对话框中设置参数，如图8-46所示。

图 8-45

图 8-46

步骤 16 单击"存储"按钮，打开"将优化结果存储为"对话框，设置文件名称及保存路径，设置"切片"为所有用户切片，如图8-47所示。

图 8-47

步骤 17 完成后单击"保存"按钮进行保存，如图8-48所示。

图 8-48

步骤 18 根据切图命名规范重命名切图，如图8-49所示。

图 8-49

至此，PC端软件界面的标注及切图完成。

新手答疑

1. Q：所有内容都需要标注吗?

　A：不一定。标注的主要目的是便于开发者将其还原，在标注前设计师应和开发者沟通交流，选择合适的标注方法。在标注时相同或相似的页面标注一次即可；标注尺寸时，根据适配原则标注尺寸或间距即可。

2. Q：界面中所有元素都需要切图吗?

　A：不是。只有没有办法通过代码实现的内容才需要切图，如图片、按钮、图示等，文字、卡片背景、线条及标准的几何图形不需要提供切图，直接使用系统原生的设计元素修改参数即可。具体可以和开发人员沟通后再进行切图。

3. Q：切图应切几套?

　A：一般来说，iOS系统中需要切3套图，分别为@1x、@2x和@3x，以便与不同系统进行适配；Android系统的尺寸较多，需要切图的套数也多，一般包括mdpi、hdpi、xhdpi、xxhdpi、xxxdpi等。

4. Q：切图输出后图片较大怎么办?

　A：图片过大，用户在使用时会出现加载过慢等问题，若切图输出的图片较大，可以通过压缩软件将其压缩，或转存处理。

5. Q：什么是点九切图?

　A：点九切图是Android中独有的一种切图方法，针对界面中所有可拉伸的圆角矩形，多用于对话框、标签切图等。点九切图的原理是将圆角矩形划分为9个区域，通过圆角矩形四周的1像素长的黑线来定义图片可以拉伸的区域和文本区域。

　　在制作切图时，用户可以通过平时常用的切图工具，根据点九切图法切图后另存为××××.9.png，或直接使用Android Studio中的Draw 9-Patch工具进行切图。

6. Q：什么是适配?

　A：UI界面中的适配是指将界面适配到不同的屏幕、不同的设备平台上，适配只与倍率有关，同一倍率下，界面中的间距、文字大小、icon大小一致，而屏幕显示内容的宽度和高度则根据屏幕的不同而不同。

7. Q：常用的自动标注切图工具有哪些?

　A：常用的自动标注切图工具包括蓝湖、摹客、即时设计等，用户可以根据自身习惯及团队协作的需要选择合适的工具使用。

第 9 章
综合实战案例

实践是检验学习效果的最好办法，本章将结合前文中的知识，通过Photoshop软件及Illustrator软件制作美食App界面及移动端创意图标。通过实战步骤的制作，可以帮助读者更全面地理解UI设计。

9.1 设计美食App界面

App界面是用户在日常生活中接触最多的UI设计，好的App界面可以给用户带来更舒适的使用体验。

9.1.1 设计思路

美食可以带给人一种抚慰人心的力量，本案例将以分享类美食App为例，通过闪屏页、首页、详情页等粗略展示App界面效果。界面以暖橙色为主色调，带给用户一种温馨自然的视觉感受，整体界面模块清晰，便于识别，如图9-1所示。

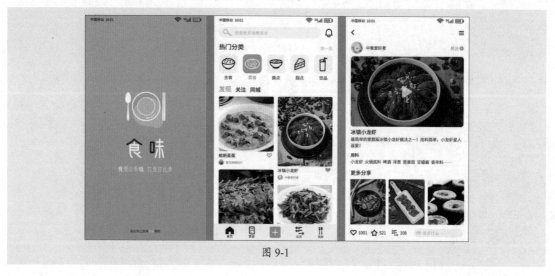

图 9-1

9.1.2 制作闪屏页

闪屏页通过橙黄色渐变的背景营造一种温暖美味的氛围，添加logo和文字奠定主题基调。下面将对具体的操作步骤进行说明。

步骤 01 打开Photoshop软件，新建一个720×1280px大小的空白文档，如图9-2所示。

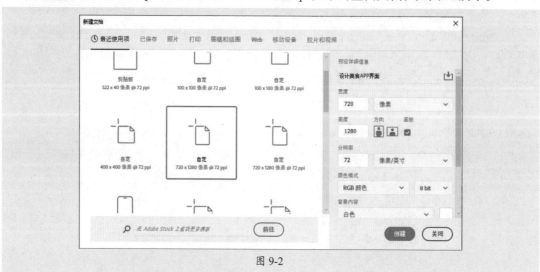

图 9-2

步骤 02 设置前景色为#FFAA33，背景色为#FFBB55，选择"渐变工具" ，在画板中拖曳光标绘制渐变，如图9-3所示。

步骤 03 执行"视图"|"新建参考线"命令，在水平方向48px、垂直方向30px及690px处创建参考线，如图9-4所示。

步骤 04 选择横排文字工具，在画板中的合适位置单击输入文字，在"属性"面板中设置字体为思源黑体，字重为Regular，字号为20pt，颜色为#333333，效果如图9-5所示。

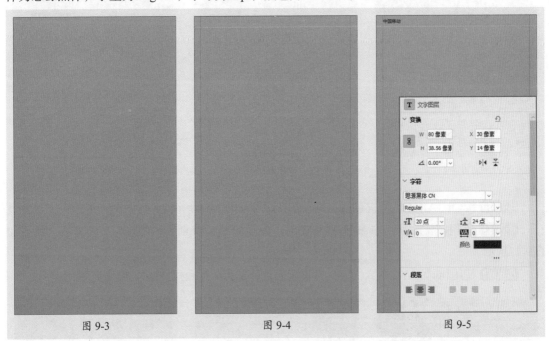

图 9-3　　　　　　　　　　　图 9-4　　　　　　　　　　　图 9-5

注意事项 | 参考线的区别 |

蓝色为画布参考线，浅蓝色为画板参考线。

步骤 05 使用相同的方法继续输入文字，如图9-6所示。

步骤 06 执行"文件"|"置入嵌入对象"命令，导入本章素材文件，并调整合适位置，如图9-7所示。选中除背景以外的图层，按Ctrl+G组合键编组，修改名称为"状态栏"。

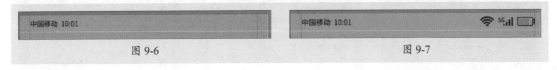

图 9-6　　　　　　　　　　　　　　　　　图 9-7

步骤 07 继续导入本章素材文件，如图9-8所示。

步骤 08 使用横排文字工具在logo下方输入文字，在"属性"面板中设置参数，效果如图9-9所示。

步骤 09 新建图层，使用"多边形套索工具" 绘制选区，设置前景色为#333333，按Alt+Delete组合键填充前景色，效果如图9-10所示。

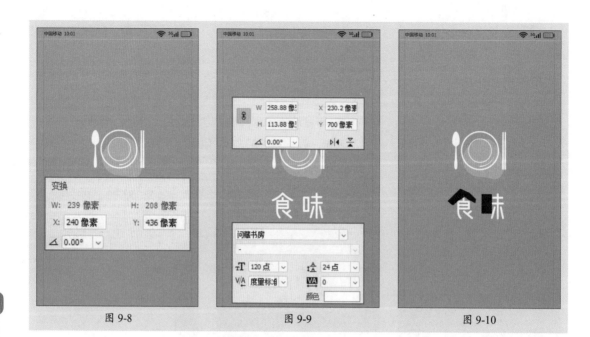

图 9-8　　　　　　　　　　　　图 9-9　　　　　　　　　　　　图 9-10

步骤 10 按Ctrl+Alt+G组合键创建剪贴蒙版，效果如图9-11所示。

步骤 11 使用横排文字工具继续输入文字，并设置颜色分别为白色和#FFDDBB，效果如图9-12所示。

步骤 12 使用相同的方法输入文字，并设置颜色分别为白色和#333333，效果如图9-13所示。

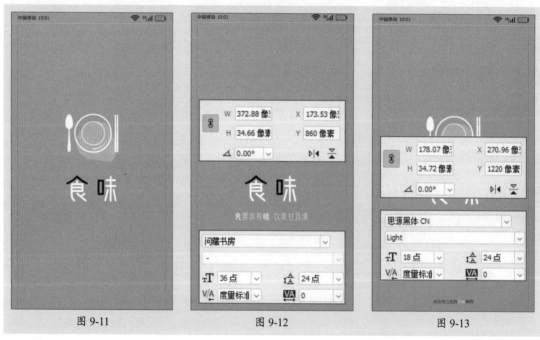

图 9-11　　　　　　　　　　　　图 9-12　　　　　　　　　　　　图 9-13

至此，美食App的闪屏页制作完成。

9.1.3 制作首页

首页是用户开始使用App的第一页，在很大程度上影响着用户体验。本案例将通过瀑布流的布局方式，高效快速地展现美味食物，具体的操作步骤如下。

步骤01 选择"画板工具" ，新建画板，并修改名称为首页，重复操作，新建"详情页"画板，如图9-14所示。

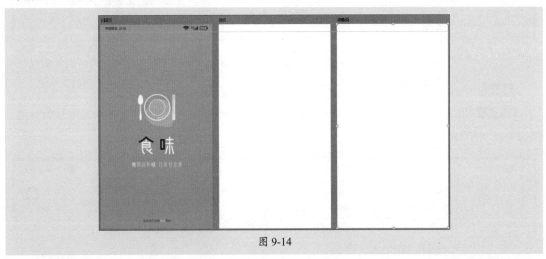

图 9-14

步骤02 选中闪屏页中的"状态栏"图层组，右击，在弹出的快捷菜单中执行"复制组"命令，打开"复制组"对话框，选择目标画板为"首页"，完成后，单击"确定"按钮复制状态栏，如图9-15所示。

步骤03 执行"视图"|"新建参考线"命令，在水平方向144px、1184px、垂直方向30px及690px处创建参考线，如图9-16所示。

步骤04 使用矩形工具绘制一个592×64px、圆角为32px、填充为#F8F8F8的圆角矩形，如图9-17所示。

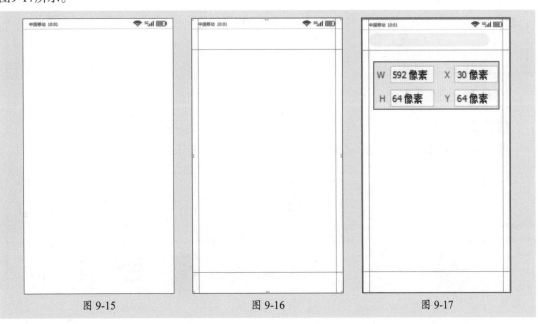

图 9-15 图 9-16 图 9-17

步骤 05 使用自定义形状工具绘制"搜索"图标，设置其填充为#CCCCCC，效果如图9-18所示。

步骤 06 使用横排文字工具输入文字，设置字体为思源黑体，字重为Regular，字号为24pt，颜色为#CCCCCC，效果如图9-19所示。

图 9-18　　　　　　　　　　　　　　　　图 9-19

步骤 07 导入本章素材文件，调整至合适位置，效果如图9-20所示。

步骤 08 使用横排文字工具输入文字，设置字体为思源黑体，字重为Medium，字号为36pt，颜色为#333333，效果如图9-21所示。

图 9-20　　　　　　　　　　　　　　　　图 9-21

步骤 09 使用相同的方法继续输入文字，设置字重为Regular，字号为24pt，颜色为#CCCCCC，效果如图9-22所示。

步骤 10 使用矩形工具绘制一个108×108px、圆角为24px、填充为#F8F8F8的圆角矩形，按住Alt键拖曳鼠标进行复制，圆角与圆角之间的间距为30px，效果如图9-23所示。

图 9-22　　　　　　　　　　　　　　　　图 9-23

步骤 11 设置第2个圆角矩形填充为#FFAA33，效果如图9-24所示。

步骤 12 导入本章素材文件，调整至合适位置，如图9-25所示。

图 9-24　　　　　　　　　　　　　　　　图 9-25

步骤13 选中第2个圆角矩形上的素材，双击其图层名称空白处，打开"图层样式"对话框，选择"颜色叠加"选项卡叠加白色，如图9-26所示。

步骤14 完成后单击"确定"按钮，效果如图9-27所示。

图 9-26   图 9-27

步骤15 使用横排文字工具在矩形下方输入文字，设置字体为思源黑体，字重为Regular，字号为24pt，颜色为#333333，效果如图9-28所示。

步骤16 使用相同的方法继续输入文字，字体颜色分别为#FFAA33和#333333，效果如图9-29所示。

图 9-28   图 9-29

步骤17 选中"热门分类"文字，按住Alt键向下拖曳鼠标进行复制，更改颜色为#FFAA33，调整文字内容，如图9-30所示。

步骤18 复制"发现"文字，设置字号为30pt，颜色为#333333，效果如图9-31所示。

图 9-30   图 9-31

步骤19 使用矩形工具，在文字下方绘制一个318×312px、圆角为8px、填充为#F8F8F8的圆角矩形，如图9-32所示。

步骤20 导入本章素材文件，按Ctrl+Alt+G组合键创建剪贴蒙版，效果如图9-33所示。

图 9-32　　　　　　　　　　　　　图 9-33

步骤 21 单击"图层"面板底部的"创建新的填充或调整图层"按钮，新建"照片滤镜"，调整图层，按Ctrl+Alt+G组合键创建剪贴蒙版，效果如图9-34所示。

步骤 22 使用横排文字工具在圆角矩形下方输入文字，颜色设置为#333333，效果如图9-35所示。

图 9-34　　　　　　　　　　　　　图 9-35

步骤 23 按住Alt键向下拖曳鼠标复制文字，修改文字内容及字体参数，颜色设置为#999999，效果如图9-36所示。

步骤 24 使用椭圆工具绘制圆形，如图9-37所示。

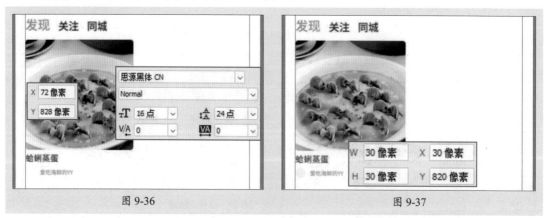

图 9-36　　　　　　　　　　　　　图 9-37

步骤 25 导入本章素材文件，按Ctrl+Alt+G组合键创建剪贴蒙版，效果如图9-38所示。

步骤 26 使用自定义形状工具绘制红心，在"属性"面板中设置参数，如图9-39所示。

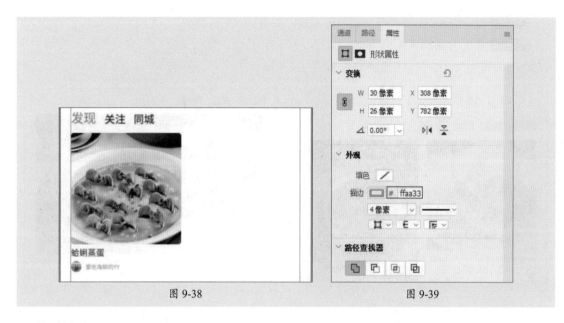

图 9-38

图 9-39

步骤 27 效果如图9-40所示。

步骤 28 使用矩形工具在文字下方绘制一个318×396px、圆角为8px、填充为#F8F8F8的圆角矩形，如图9-41所示。

图 9-40

图 9-41

步骤 29 导入素材文件，按Ctrl+Alt+G组合键创建剪贴蒙版，效果如图9-42所示。

步骤 30 新建"亮度/对比度"调整图层，在"属性"面板中设置参数，如图9-43所示。

图 9-42

图 9-43

步骤 31 按Ctrl+Alt+G组合键创建剪贴蒙版，效果如图9-44所示。

步骤 32 复制左侧圆角矩形下方的文字、红心和椭圆，修改文字内容，设置红心的填充为#FFAA33，描边为无，效果如图9-45所示。

图 9-44　　　　　　　　　　　　　　　　　图 9-45

步骤 33 选中复制的圆形，导入本章素材文件，按Ctrl+Alt+G组合键创建剪贴蒙版，效果如图9-46所示。

步骤 34 使用矩形工具在文字下方绘制一个318×320px、圆角为8px、填充为#F8F8F8的圆角矩形，导入素材文件，按Ctrl+Alt+G组合键创建剪贴蒙版，效果如图9-47所示。

图 9-46　　　　　　　　　　　　　　　　　图 9-47

步骤 35 新建"亮度/对比度"调整图层，在"属性"面板中设置参数，如图9-48所示。

步骤 36 按Ctrl+Alt+G组合键创建剪贴蒙版，效果如图9-49所示。

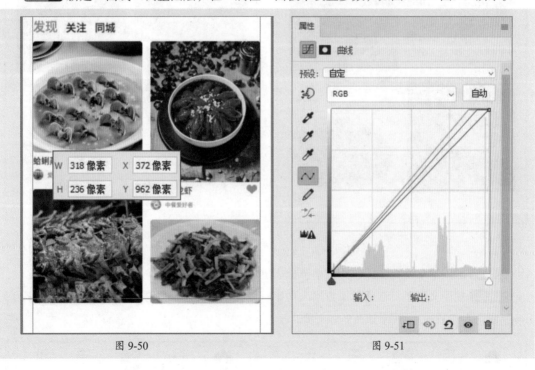

图 9-48　　　　　　　　　　　　　　　　　　　　　图 9-49

步骤 37 使用矩形工具，在文字下方绘制一个318×236px、圆角为8px、填充为#F8F8F8的圆角矩形，导入素材文件，按Ctrl+Alt+G组合键创建剪贴蒙版，效果如图9-50所示。

步骤 38 新建"曲线"调整图层，在"属性"面板中设置参数，如图9-51～图9-54所示。

图 9-50　　　　　　　　　　　　　　　　　　　　　图 9-51

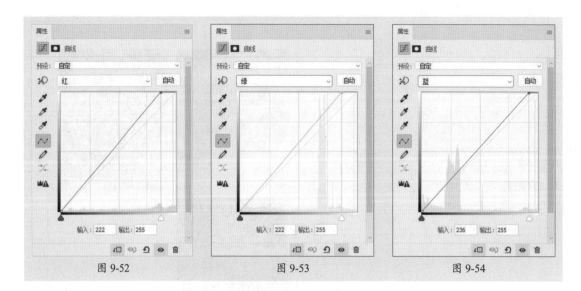

图 9-52 图 9-53 图 9-54

步骤 39 按Ctrl+Alt+G组合键创建剪贴蒙版，效果如图9-55所示。

步骤 40 使用矩形工具绘制一个720×96px、填充为#F8F8F8的矩形，如图9-56所示。

图 9-55 图 9-546

步骤 41 导入本章素材文件，并调整至合适位置，如图9-57所示。

步骤 42 使用文字工具在素材下方输入文字，设置字体为思源黑体，字重为Normal，字号为16pt，颜色为#333333，效果如图9-58所示。

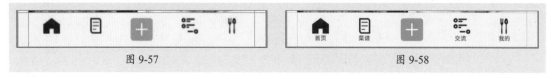

图 9-57 图 9-58

步骤 43 按Ctrl+H组合键隐藏参考线，效果如图9-59所示。

至此，美食App的首页制作完成。

图 9-59

9.1.4 制作详情页

本案例将练习制作点击首页中内容展开的详情页，具体的操作步骤如下。

步骤 01 选中闪屏页中的"状态栏"图层组，右击，在弹出的快捷菜单中执行"复制组"命令，打开"复制组"对话框，选择目标画板为"详情页"，完成后，单击"确定"按钮复制状态栏，如图9-60所示。

步骤 02 执行"视图"|"新建参考线"命令，在水平方向144px、1184px、垂直方向30px及690px处创建参考线，如图9-61所示。

步骤 03 导入本章素材文件，并调整至合适位置，如图9-62所示。

图 9-60

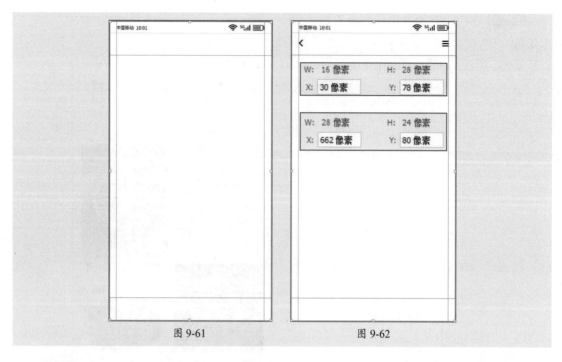

图 9-61 图 9-62

步骤 04 使用椭圆工具在素材下方绘制圆形，如图9-63所示。

步骤 05 导入本章素材文件，按Ctrl+Alt+G组合键创建剪贴蒙版，效果如图9-64所示。

图 9-63 图 9-64

步骤 06 使用横排文字工具，在圆形右侧单击输入文字，在"属性"面板中设置参数，如图9-65所示。效果如图9-66所示。

图 9-65 图 9-66

步骤 07 选中输入的文字，按住Alt键向右拖曳鼠标进行复制，设置文字颜色为#FFAA33，更改文字内容，如图9-67所示。

步骤 08 使用椭圆工具在文字右侧绘制圆形，设置颜色为#FFAA33，效果如图9-68所示。

图 9-67　　　　　　　　　　　　　　　图 9-68

步骤 09 使用矩形工具绘制一个18×2px、圆角为1px、填充为白色的圆角矩形，按Ctrl+J组合键复制一层，按Ctrl+T组合键自由变换，将其旋转90°，效果如图9-69所示。

步骤 10 使用矩形工具绘制一个660×400px、圆角为16px的圆角矩形，如图9-70所示。

图 9-69　　　　　　　　　　　　　　　图 9-70

步骤 11 导入本章素材文件，按Ctrl+Alt+G组合键创建剪贴蒙版，效果如图9-71所示。

步骤 12 新建"亮度/对比度"调整图层，在"属性"面板中设置参数，如图9-72所示。

图 9-71　　　　　　　　　　　　　　　图 9-72

步骤 13 按Ctrl+Alt+G组合键创建剪贴蒙版，效果如图9-73所示。

步骤 14 使用三角形工具绘制一个白色三角形，设置其圆角为8px，图层不透明度为80%，效果如图9-74所示。

图 9-73   图 9-74

步骤 15 使用横排文字工具输入文字，在"属性"面板中设置参数，如图9-75所示。

步骤 16 效果如图9-76所示。

图 9-75   图 9-76

步骤 17 选中输入的文字，按住Alt键向下拖曳鼠标进行复制，更改文字字重为Normal、字号为24pt，更改文字内容，效果如图9-77所示。

步骤 18 继续复制并更改文字字重为Medium，更改文字内容，如图9-78所示。

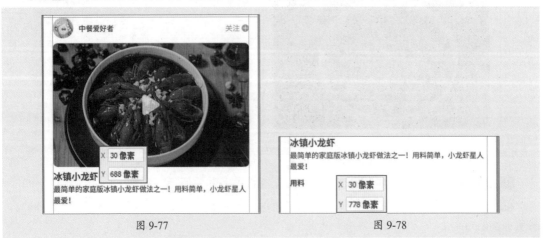

图 9-77   图 9-78

步骤 19 复制并更改文字字重为Normal，更改文字内容，如图9-79所示。

步骤 20 复制"冰镇小龙虾"文字，并更改文字内容，如图9-80所示。

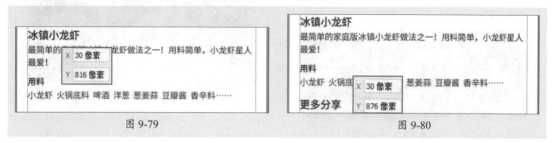

图 9-79   图 9-80

步骤 21 使用矩形工具绘制一个208×256px、圆角为8px的圆角矩形，按住Alt键拖曳鼠标进行复制，矩形间距为18px，效果如图9-81所示。

步骤 22 选中第1个圆角矩形，导入素材文件，并按Ctrl+Alt+G组合键创建剪贴蒙版，效果如图9-82所示。

图 9-81   图 9-82

步骤 23 使用相同的方法继续导入素材文件并创建剪贴蒙版，效果如图9-83所示。

步骤 24 选中导入的素材文件和绘制的圆角矩形，按Ctrl+G组合键编组。在图层组上方新建"亮度/对比度"调整图层，在"属性"面板中设置参数，如图9-84所示。

图 9-83   图 9-84

步骤 25 按Ctrl+Alt+G组合键创建剪贴蒙版，效果如图9-85所示。

步骤 26 导入本章素材文件，调整至合适位置，如图9-86所示。

步骤 27 使用横排文字工具在素材右侧输入文字，在"属性"面板中设置参数，如图9-87所示。

步骤 28 效果如图9-88所示。

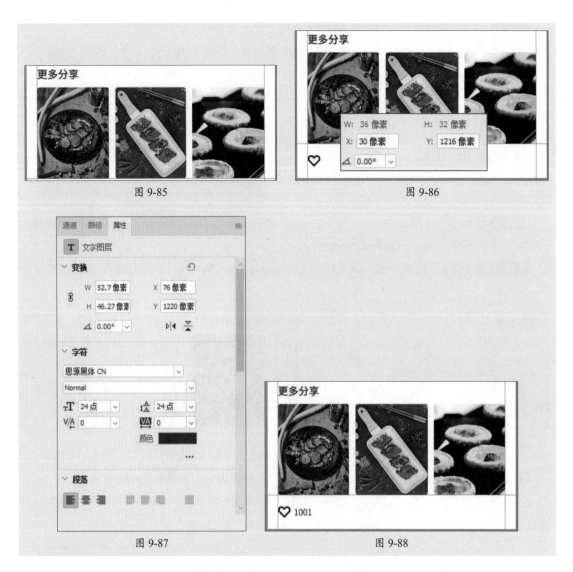

图 9-85

图 9-86

图 9-87

图 9-88

步骤 29 使用相同的方法导入素材并输入文字，如图9-89所示。

步骤 30 使用矩形工具绘制一个288×48px、圆角为24px、填充为#F8F8F8的圆角矩形，如图9-90所示。

图 9-89

图 9-90

步骤 31 使用自定义形状工具绘制一个"电话"图形，设置其描边颜色为#CCCCCC，粗细为4px，效果如图9-91所示。

UI设计基础与应用标准教程（全彩微课版）

步骤 32 使用横排文字工具在图形右侧输入文字，在"属性"面板中设置参数，如图9-92所示。

图 9-91　　　　　　　　　　　　图 9-92

步骤 33 效果如图9-93所示。

步骤 34 按Ctrl+H组合键隐藏参考线，效果如图9-94所示。

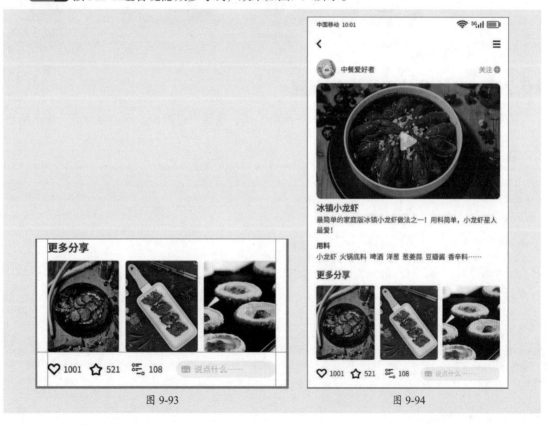

图 9-93　　　　　　　　　　　　图 9-94

至此，美食App的详情页制作完成。

图标是界面中必不可少的元素之一，具有快速传递信息的作用。在进行UI设计时，图标设计也是极为重要的部分，本节将通过图标知识设计移动端创意图标。

9.2.1 设计思路

图标效果影响用户体验，本案例将以移动端创意图标为例，通过双色线性图标将图标对应信息的首字母和图形结合，清晰明了地展示图标的含义；整体颜色以深灰色（#8E8586）和深橘色（#C06259）为主，低调内敛，满足视觉效果，如图9-95所示。

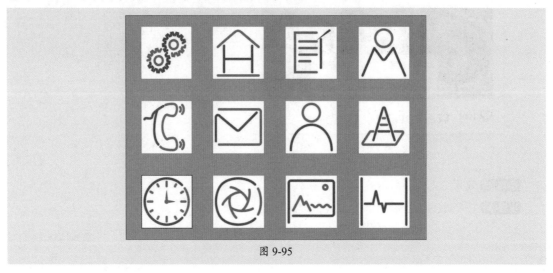

图 9-95

9.2.2 设计准备之画板的创建

在正式制作创意图标之前，需要先做好准备工作，包括创建画板、添加参考线、显示网格等。具体的操作步骤如下。

步骤 01 打开Illustrator软件，新建一个48×48px、画板数量为12的空白文档，如图9-96所示。

图 9-96

步骤 02 使用"画板工具"⬚调整画板位置，根据内容修改画板名称，如图9-97所示。

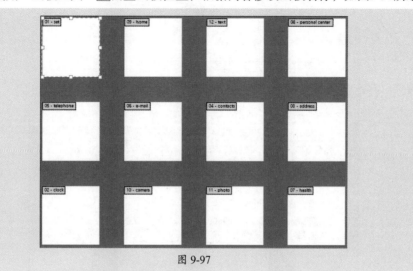

图 9-97

步骤 03 按Ctrl+K组合键，在打开的"首选项"对话框中选择"参考线和网格"选项，设置网格线间隔和次分隔线参数，如图9-98所示。

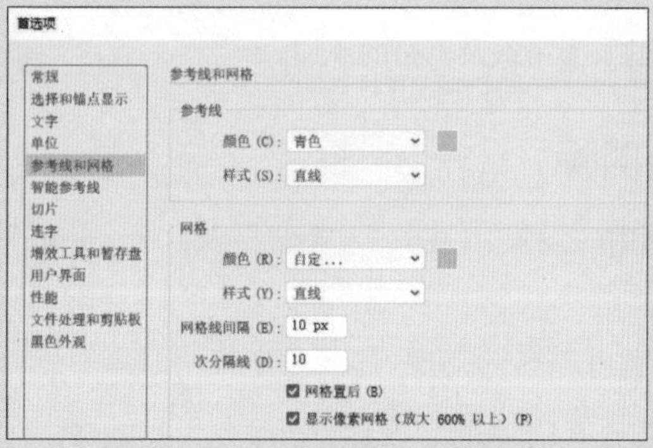

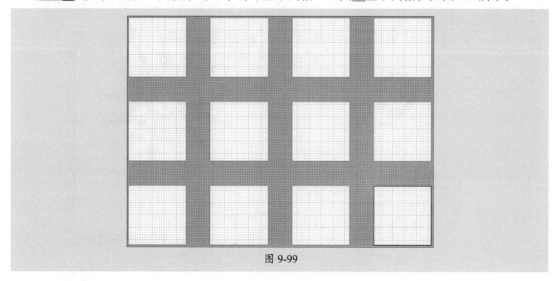

图 9-98

步骤 04 单击"属性"面板中的"单击可显示网格"工具▦显示网格，如图9-99所示。

图 9-99

步骤 05 分别执行"视图"|"对齐网格"命令和"视图"|"对齐像素"命令。按Ctrl+R组合键显示标尺，在每个画板边距2px处创建参考线，如图9-100所示。按Ctrl+Alt+;组合键锁定参考线。

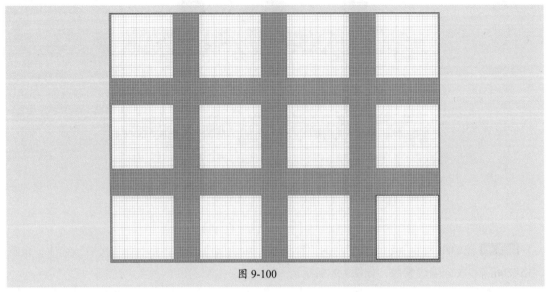

图 9-100

至此，完成画板的创建、参考线及网格的添加。

9.2.3 绘制界面图标

本节将练习绘制界面的"设置""主页""笔记"及"个人中心"图标，具体的操作步骤如下。

1. 绘制设置图标

步骤 01 选中第1个画板，设置描边颜色为#8E8586，选择椭圆工具，在画板中绘制一个圆形，设置其描边粗细为2pt，效果如图9-101所示。

步骤 02 设置描边颜色为#C06259，选择星形工具，绘制十三角星形，设置其描边粗细为2pt，效果如图9-102所示。

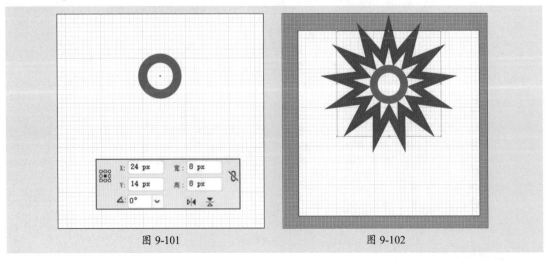

图 9-101   图 9-102

步骤 03 使用直接选择工具选中星形，在控制栏中设置边角参数，效果如图9-103所示。

步骤 04 选中星形和圆形，按住Alt键向下拖曳鼠标进行复制，调整所有图形位置，效果如图9-104所示。

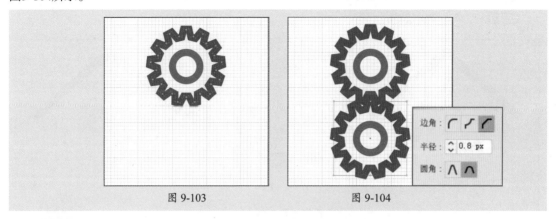

图 9-103   图 9-104

步骤 05 使用直接选择工具选中部分线条，按Delete键删除，如图9-105所示。

步骤 06 选中线段，在控制栏中设置描边参数，如图9-106所示。

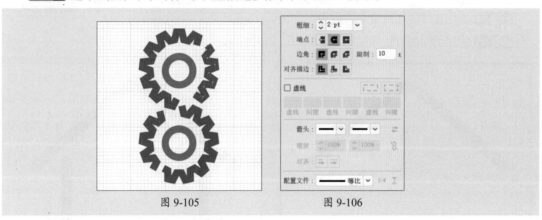

图 9-105   图 9-106

步骤 07 效果如图9-107所示。

步骤 08 选中部分线段，设置描边颜色为#8E8586，效果如图9-108所示。

步骤 09 选中图标，将其旋转45°，效果如图9-109所示。

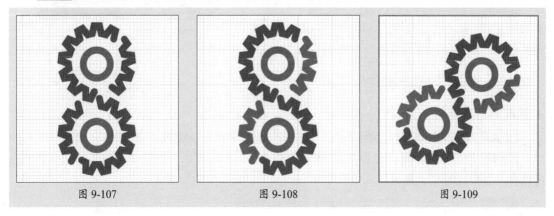

图 9-107   图 9-108   图 9-109

至此，设置图标制作完成。

2. 绘制主页图标

步骤 01 选中第2张画板，使用钢笔工具绘制路径，如图9-110所示。

步骤 02 选中顶部锚点，在控制栏中设置边角参数，如图9-111所示。

步骤 03 效果如图9-112所示。

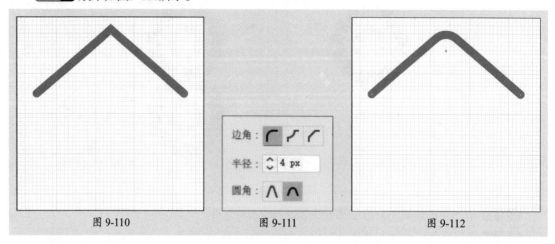

图 9-110　　　　　　　　图 9-111　　　　　　　　图 9-112

步骤 04 使用直线段工具绘制直线段，如图9-113所示。

步骤 05 使用相同的方法继续绘制直线段，如图9-114所示。

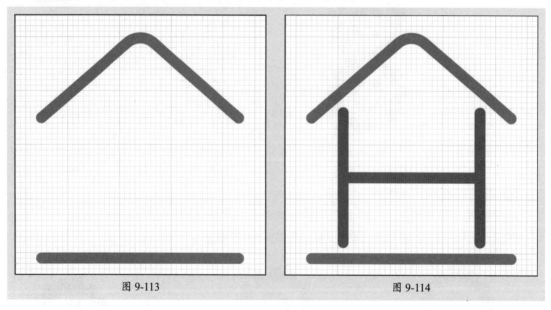

图 9-113　　　　　　　　　　　　　　　图 9-114

至此，完成主页图标的制作。

3. 绘制笔记图标

步骤 01 选中第3张画板，使用矩形工具绘制矩形，如图9-115所示。

步骤 02 使用剪刀工具，在右侧2个锚点上单击，将矩形打断，调整锚点位置，调整右侧线段颜色，效果如图9-116所示。

步骤 03 使用直线段工具绘制直线段，如图9-117所示。

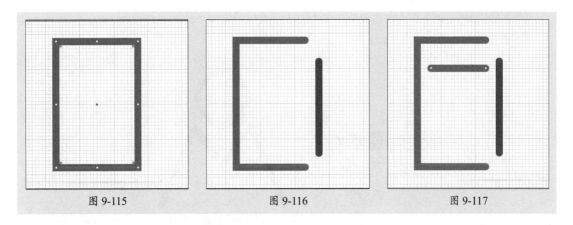

| 图 9-115 | 图 9-116 | 图 9-117 |

步骤 04 使用相同的方法继续绘制直线段，如图9-118所示。

步骤 05 使用直线段工具绘制直线段，在控制栏中设置变量宽度配置文件为宽度配置文件4，效果如图9-119所示。

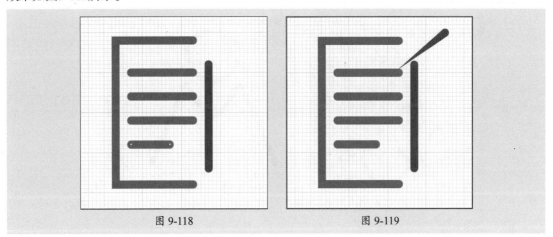

| 图 9-118 | 图 9-119 |

至此，笔记图标制作完成。

4. 绘制个人中心图标

步骤 01 选中第4个画板，使用椭圆工具绘制椭圆，如图9-120所示。

步骤 02 使用钢笔工具绘制路径，如图9-121所示。

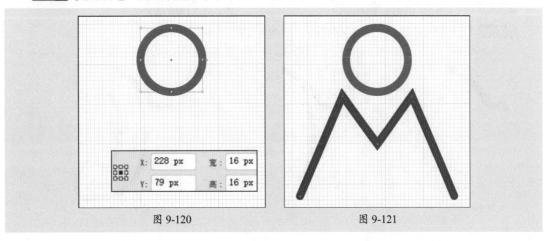

| 图 9-120 | 图 9-121 |

步骤 03 选中部分锚点，在控制栏中设置边角参数，如图9-122所示。

步骤 04 效果如图9-123所示。

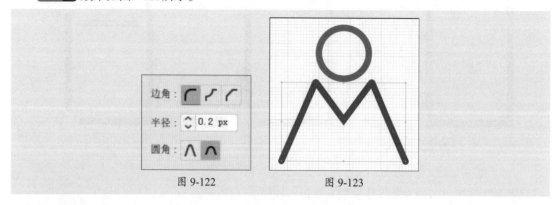

图 9-122　　　　　　　　　　图 9-123

步骤 05 选中中间锚点，在控制栏中设置边角参数，如图9-124所示。

步骤 06 效果如图9-125所示。

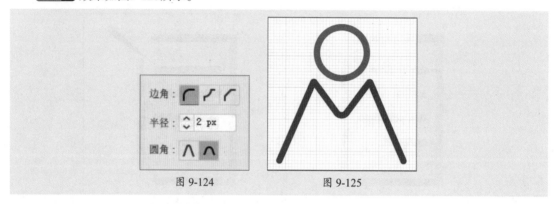

图 9-124　　　　　　　　　　图 9-125

至此，个人中心图标制作完成。

9.2.4　绘制交流类应用图标

本节将练习绘制交流类应用图标包括"电话""信息"及"联系人"，具体的操作步骤如下。

1. 绘制电话图标

步骤 01 选择第5个画板，使用钢笔工具绘制路径，如图9-126所示。

步骤 02 使用相同的方法继续绘制路径，如图9-127、图9-128所示。

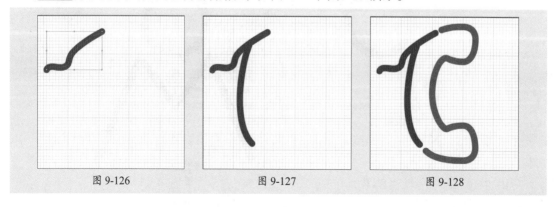

图 9-126　　　　　　　　图 9-127　　　　　　　　图 9-128

步骤 03 继续使用钢笔工具绘制路径，如图9-129所示。

步骤 04 重复操作，如图9-130所示。

步骤 05 选中新绘制的路径，选择"镜像工具" ，按住Alt键拖动鼠标调整镜像中心，如图9-131所示。

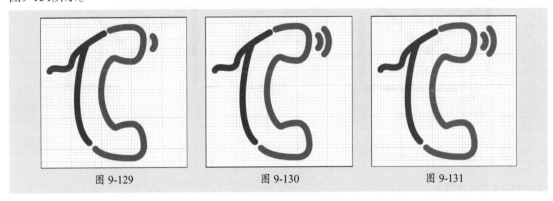

图 9-129   图 9-130   图 9-131

步骤 06 松开鼠标后打开"镜像"对话框并设置参数，如图9-132所示。

步骤 07 完成后，单击"复制"按钮镜像并复制选中对象，效果如图9-133所示。

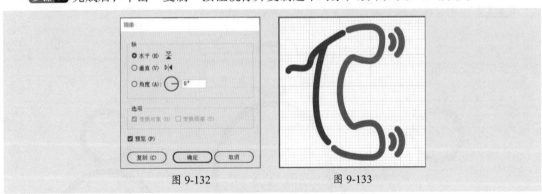

图 9-132   图 9-133

至此，电话图标制作完成。

2. 绘制短信图标

步骤 01 选中第6个画板，使用矩形工具绘制矩形，如图9-134所示。

步骤 02 使用直接选择工具选择左侧边，按Delete键删除，如图9-135所示。

步骤 03 选中左侧2个锚点，向右移动3px，如图9-136所示。

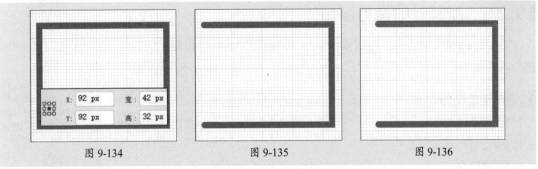

图 9-134   图 9-135   图 9-136

步骤 04 使用钢笔工具绘制路径，如图9-137所示。

步骤 05 使用直接选择工具选择顶角锚点，在控制栏中设置边角参数，如图9-138所示。

步骤 06 效果如图9-139所示。

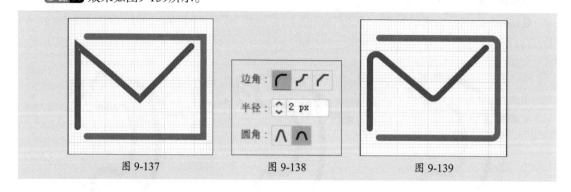

| 图 9-137 | 图 9-138 | 图 9-139 |

至此，短信图标制作完成。

3. 绘制联系人图标

步骤 01 选择第7个画板，使用椭圆工具绘制圆形，如图9-140所示。

步骤 02 使用相同的方法绘制椭圆，如图9-141所示。

步骤 03 使用直接选择工具选择下方锚点，按Delete键删除，效果如图9-142所示。

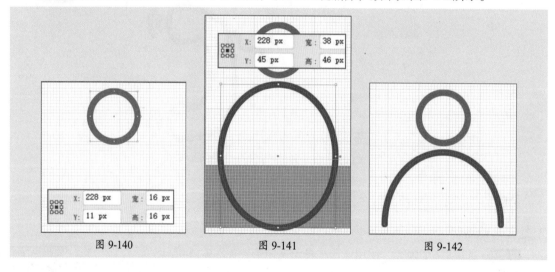

| 图 9-140 | 图 9-141 | 图 9-142 |

至此，联系人图标制作完成。

9.2.5　绘制其他常见图标

本节将练习绘制其他应用图标，包括"地址""时钟""相机""照片"及"健康"，具体的操作步骤如下。

1. 绘制地址图标

步骤 01 选中第8个画板，使用矩形工具绘制矩形，设置描边颜色为#8E8586，粗细为2pt，效果如图9-143所示。

步骤 02 使用直接选择工具选中上方锚点，向右拖曳光标，效果如图9-144所示。

步骤 03 使用钢笔工具绘制路径，设置描边颜色为#C06259，如图9-145所示。

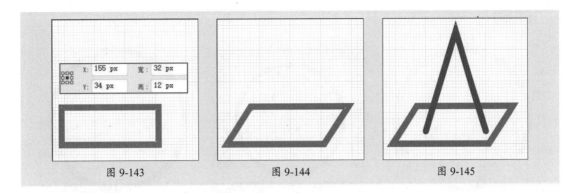

图 9-143　　　　　　　　图 9-144　　　　　　　　图 9-145

步骤 04 使用直线段工具绘制直线段，颜色分别为#8E8586和#C06259，效果如图9-146所示。

步骤 05 选中下方调整后的矩形，按C键切换至剪刀工具，在合适位置单击，并删除多余部分，效果如图9-147所示。

步骤 06 使用直接选择工具选中调整后的矩形，在控制栏中设置边角参数，如图9-148所示。

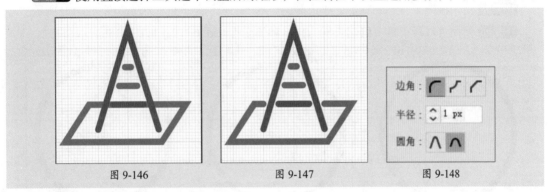

图 9-146　　　　　　　　图 9-147　　　　　　　　图 9-148

步骤 07 效果如图9-149所示。

步骤 08 使用相同的方法，为钢笔工具绘制的路径添加半径为1px的圆角，效果如图9-150所示。

图 9-149　　　　　　　　　　图 9-150

至此，地址图标的制作完成。

2. 绘制时钟图标

步骤 01 选中第9个画板，使用椭圆工具绘制一个圆形，设置描边颜色为#C06259，描边粗细为2pt，如图9-151所示。

步骤 02 将圆形旋转45°，如图9-152所示。

步骤 03 按C键切换至剪刀工具，在右侧两个锚点上单击，打断锚点，如图9-153所示。

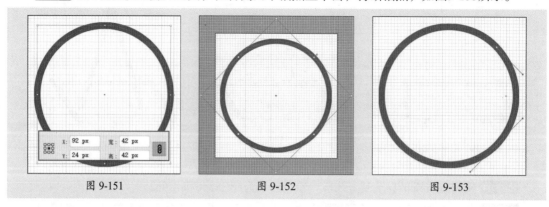

图 9-151　　　　　　　　图 9-152　　　　　　　　图 9-153

步骤 04 再次使用剪刀工具，在右侧线段上单击，删除多余部分，设置线段描边颜色为#8E8586，效果如图9-154所示。

步骤 05 使用椭圆工具绘制圆形，描边颜色为#8E9596，描边粗细为2pt，如图9-155所示。

步骤 06 使用直线段工具，绘制长度为10px和长度为8px的线段，如图9-156所示。

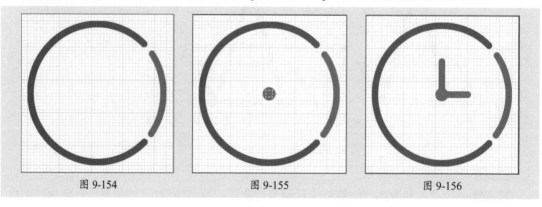

图 9-154　　　　　　　　图 9-155　　　　　　　　图 9-156

步骤 07 选中绘制的线段，在控制栏中设置变量宽度配置文件为宽度配置文件5，效果如图9-157所示。

步骤 08 继续使用直线段工具，绘制长度为2px和长度为4px的直线段，设置其描边属性与中心圆形一致，效果如图9-158所示。

步骤 09 选中长度为2px的直线段，按R键切换至旋转工具，按住Alt键拖动鼠标，将直线段的旋转中心移至圆形中心处，如图9-159所示。

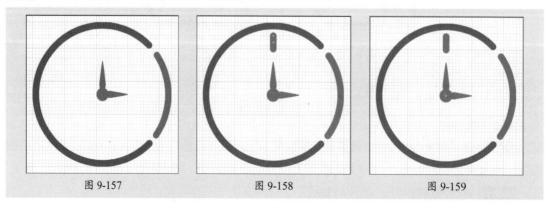

图 9-157　　　　　　　　图 9-158　　　　　　　　图 9-159

步骤10 释放鼠标后打开"旋转"对话框，设置旋转角度，如图9-160所示。

步骤11 完成后单击"确定"按钮，效果如图9-161所示。

步骤12 使用相同的方法，再次旋转长度为2px的直线段，单击"复制"按钮复制，效果如图9-162所示。

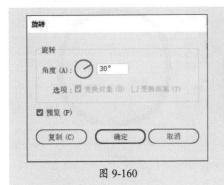
图 9-160

图 9-161

图 9-162

步骤13 选中3个直线段，使用相同的方法旋转并复制，设置旋转角度为90°，如图9-163所示。

步骤14 按Ctrl+D组合键重复操作，效果如图9-164所示。

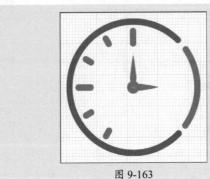

图 9-163

图 9-164

至此，时钟图标制作完成。

3. 绘制相机图标

步骤01 选中第10张画板，使用椭圆工具绘制圆形，如图9-165所示。

步骤02 选中绘制的圆形，执行"效果"|"变形"|"膨胀"命令，打开"变形选项"对话框并设置参数，如图9-166所示。

步骤03 完成后单击"确定"按钮，效果如图9-167所示。

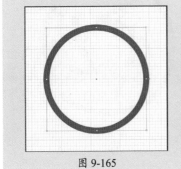
图 9-165

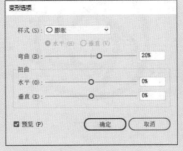
图 9-166

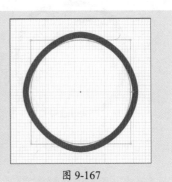
图 9-167

步骤 04 执行"对象"|"扩展外观"命令扩展对象，如图9-168所示。

步骤 05 选中扩展后的对象，将其旋转45°，如图9-169所示。

步骤 06 按C键切换至剪刀工具，在右侧2个锚点处单击，效果如图9-170所示。

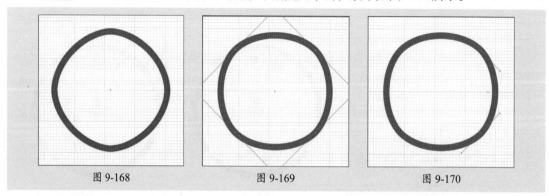

图 9-168　　　　　　　图 9-169　　　　　　　图 9-170

步骤 07 在右侧线段合适位置处单击，打断线段，并删除多余部分，调整右侧线段颜色，效果如图9-171所示。

步骤 08 使用钢笔工具在画板中绘制路径，如图9-172所示。

步骤 09 按R键切换至旋转工具，按Alt键拖动旋转中心至画板中心处，释放鼠标后，打开"旋转"对话框并设置参数，如图9-173所示。

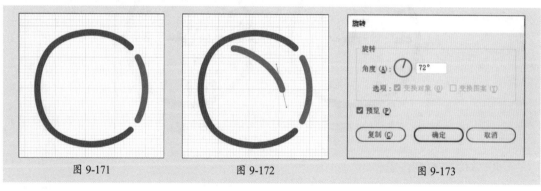

图 9-171　　　　　　　图 9-172　　　　　　　图 9-173

步骤 10 完成后单击"复制"按钮，旋转并复制路径，如图9-174所示。

步骤 11 按Ctrl+D组合键重复操作，效果如图9-175所示。

步骤 12 调整外框尺寸的大小，效果如图9-176所示。

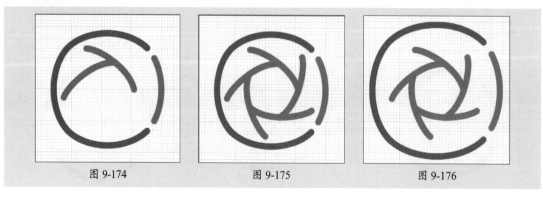

图 9-174　　　　　　　图 9-175　　　　　　　图 9-176

至此，相机图标制作完成。

4. 绘制照片图标

步骤 **01** 选中第11张画板，使用矩形工具绘制矩形，如图9-177所示。

步骤 **02** 使用剪刀工具在左下角锚点处单击，并打断锚点，调整锚点位置，如图9-178所示。

步骤 **03** 使用直接选择工具选中其余3个锚点，在控制栏中设置边角参数，如图9-179所示。

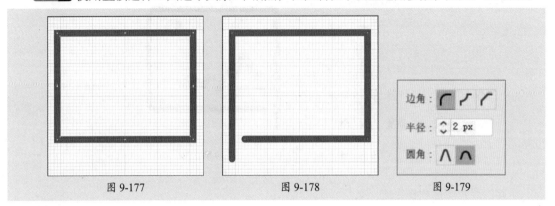

图 9-177　　　　　　图 9-178　　　　　　图 9-179

步骤 **04** 效果如图9-180所示。

步骤 **05** 使用钢笔工具绘制路径，如图9-181所示。

步骤 **06** 使用直线段工具绘制直线段，如图9-182所示。

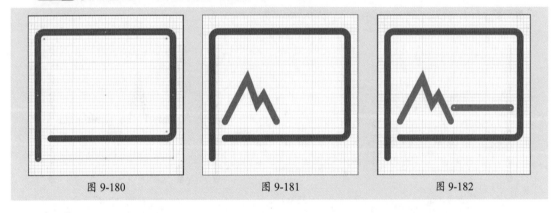

图 9-180　　　　　　图 9-181　　　　　　图 9-182

步骤 **07** 选中绘制的直线段，执行"效果"|"扭曲和变换"|"波纹效果"命令，打开"波纹效果"对话框并设置参数，如图9-183所示。

步骤 **08** 完成后单击"确定"按钮，效果如图9-184所示。

步骤 **09** 使用椭圆工具绘制圆形，如图9-185所示。

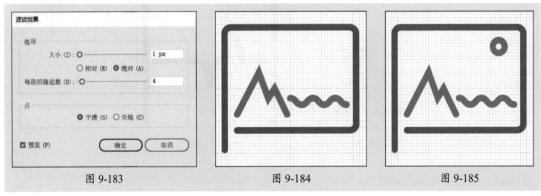

图 9-183　　　　　　图 9-184　　　　　　图 9-185

步骤 10 使用直接选择工具选中钢笔路径的部分锚点，在控制栏中设置边角参数，如图9-186所示。

步骤 11 效果如图9-187所示。

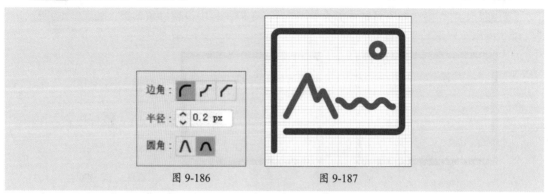

图 9-186　　　　　　　　　　图 9-187

至此，照片图标制作完成。

5. 绘制健康图标

步骤 01 选择第12个画板，使用直线段工具绘制直线段，如图9-188所示。

步骤 02 使用相同的方法继续绘制直线段，如图9-189所示。

步骤 03 使用钢笔工具绘制路径，如图9-190所示。

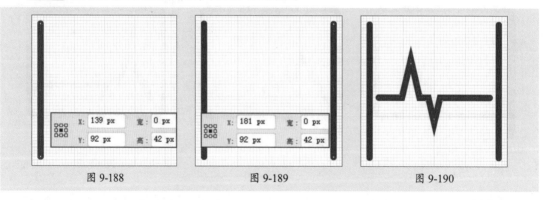

图 9-188　　　　　　　　图 9-189　　　　　　　　图 9-190

步骤 04 选中部分锚点，在控制栏中设置边角参数，如图9-191所示。

步骤 05 效果如图9-192所示。

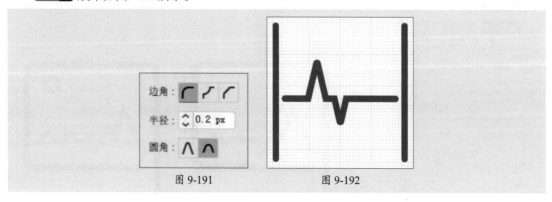

图 9-191　　　　　　　　图 9-192

至此，健康图标制作完成。